VENUS

金星

[美] 威廉·希恩
[美] 桑贾伊·利马耶 著
金治 译

世界图书出版公司
北京·广州·上海·西安

图书在版编目（CIP）数据

金星 /（美）威廉·希恩，（美）桑贾伊·利马耶著；金冶译.
—北京：世界图书出版有限公司北京分公司，2025.5
ISBN 978-7-5232-1270-7

Ⅰ.①金… Ⅱ.①威… ②桑… ③金… Ⅲ.①金星—普及读物 Ⅳ.①P185.2-49

中国国家版本馆CIP数据核字（2024）第077580号

书　　名　金星
　　　　　JINXING

著　　者　［美］威廉·希恩　［美］桑贾伊·利马耶
译　　者　金　冶
责任编辑　金　博
封面设计　杨　慧

出版发行　世界图书出版有限公司北京分公司
地　　址　北京市东城区朝内大街137号
邮　　编　100010
电　　话　010-64038355（发行）　64033507（总编室）
网　　址　http://www.wpcbj.com.cn
邮　　箱　wpcbjst@vip.163.com
销　　售　新华书店
印　　刷　河北鑫彩博图印刷有限公司
开　　本　710mm × 1000mm　1/16
印　　张　15
字　　数　246千字
版　　次　2025年5月第1版
印　　次　2025年5月第1次印刷
版权登记　01-2023-1363
国际书号　ISBN 978-7-5232-1270-7
定　　价　69.00元

目　录

引 言

在夜空中，除了皎洁的月亮和闪耀的群星，还有一颗引人注目的行星——金星。作为太阳系中最亮的行星之一，有时候金星的亮度令人震惊，甚至会引起观星者的警觉。金星总在太阳两侧徘徊，黎明前出现在东方天空，黄昏后出现在西方天空，当然，也有一段时间它完全从视线中消失。据记载，巴比伦人早在公元前3000年到公元前2000年之间通过仔细观测，发现了“黄昏星”和“清晨星”实际上是同一个天体。

借助望远镜，观察金星在围绕太阳公转时的相位变化，是证明哥白尼日心说优于托勒密地心说的重要证明，这也让大多数天文观测者至今仍兴奋不已。然而，除了观测到相位（即行星发光可见的部分）之外，由于金星表面浓厚的云层阻挡了对金星的观测，因而金星对于观测者来说，吸引力不大。借助滤光片和小型望远镜，观测者可以观测到金星上的一些细节，比如出现在金星极区的大气涡旋（类似地球上龙卷风的特性）。此外，还有一些只有在紫外线图像中才能清晰显示出来微弱的星云状阴影。除了二氧化硫气体以外，其他物质的吸收光谱波长与我们已知的化合物匹配不上，而且在这一现象产生的原因中，不能排除大量硫代谢微生物群落存在。目前，这仍然是我们的邻居行星——金星的众多谜团之一。

在航天时代初期，我们对金星的了解甚少，甚至连自转周期都不清楚，因此，各种猜测层出不穷。在金星浓厚的云层下，表面可能是海洋、丛林或者沙丘起伏的荒凉沙漠。事实证明，金星比我们想象的更恐怖，金星拥有太阳系四颗类地行星中最浓厚的大气层，表面压力是地球的90倍。此外，该大气层几乎完全由二氧化碳（众所周知的造成“温室效应”的气体）组成，金星表面就像置身于一个炽热的烤箱中。金星星球内部的原始热量（由于行星形成以来放射性元素的衰变）无法释放，是因为这颗星球没有板块构造。金星表面火山遍布，巨大的熔岩流倾泻而出，覆盖了大部分地区（那些超过几亿年历史的地区）。金星表面上布满了数百座盾状火山，在过去几十年的观测中，金星火山爆发这种现象持续到现在。

对于我们所知道的生命形式来说，金星是极度不宜居住的。尽管在过去的六十年里我们对金星了解了很多，但最有趣的问题——金星演化历史尚未解决。尽管金星与地球的年龄、大小、质量和密度几乎相同，但它们的演化过程却大不相同。尽管我们还不知道生命是如何在地球上开始的，但地球和生命共同演化。我们迫切地想知道，金星上发生了什么？因为解开这些问题可以帮助我们更好地了解地球和类地行星。

金星与太阳的远近程度在其演化过程中起到了什么作用？金星是否保留了大部分原始大气，而地球的原始大气是否在某次小行星撞击中被剥离？金星有过卫星吗？假设它有（尚不确定），那么在其前几十亿年，它早期的海洋发生了什么变化？金星最初自转若是快速的，那么它是如何改变的，以至于现在自转变慢，而且方向是相反的？金星曾经有过板块构造吗？金星是否有过“碳硅循环”？就像地球一样，将二氧化碳转换为碳酸盐困在地下，防止二氧化碳逸出，从而导致大规模温室效应？在金星早期阶段，生命是否已经形成？

这颗曾经看起来如此宜居且令人浮想联翩的类地行星，结果却证明与地球相去甚远。我们对金星的了解不仅表明地球是多么珍贵，还表明不同行星命运的多重可能性。在几十亿年的演化过程中，即使外部特征如此相似，最终结果却可以完全不同。我们可以想象，在宇宙中已知存在的数万亿颗系外行星中，必然存在着各种各样的可能性。

尽管金星目前无法成为人类宜居的星球，但它仍然令人着迷，是一个充满神秘色彩的世界。

镜头下的金星，接近最大亮度时，2020年4月1日距离著名的昴星团以南0.3° 的位置。二者上一次在4月初如此接近的时间是在2012年，正好相差8年。这张照片是使用口径92毫米的折射望远镜拍摄的。

第一章
长庚星

灿烂的星！我祈求像你那样坚定，
但不是要孤独地在夜空中辉映，
睁着一双永不合拢的眼睛，
像自然的隐士，清醒而无怨无悔，
凝视着川流不息的清泉
涤洗环绕尘世凡人的海岸；
或凝视落在山岳和荒原的新雪之上
不，——然而永远坚定，永远不变。

——约翰·济慈（John Keats）[1]

在所有天体中，金星是无法忽视的，因为除了太阳和月亮，它比其他任何行星或恒星都更明亮。自史前时代以来，它就吸引了观天者的注意力，它所激发的惊叹在我们拥有的一些最古老的文字记载中得以证明。这些文字记载的书写者跨越约5000年的距离与我们沟通。

五个行星，或者说“流浪者们”——水星、金星、火星、木星和土星的运动无疑在有历史记载之前就被人们认识到了。它们分为两组：火星、木星和土星可以在天上四处游荡，而水星和金星则受到更多限制，始终在太阳周边的一定范围内，要么在早晨的天空中太阳东升之前，要么在傍晚的天空中太阳西落之后。

我们现在知道，“流浪者们”像地球一样围绕太阳运行。水星和金星离太阳最近，被称为“内行星”；火星、木星和土星以及天文望远镜时代发现的天王星和海王星（当然，除此之外还有其他被称为矮行星的天体，例如谷神星和冥王星）离太阳更远，被称为“外行星”。金星是距离地球公转轨道最近的行星。此外，由于金星被一层密集且高度反射的云层所包围，除了月亮和偶尔的超新星（我们太阳系最近一次观测记录是在1604年）或彗星之外，金星比夜空中的其他天体更亮。

毫不奇怪，由于其亮度和其在天空中的复杂运动模式，金星自古以来就一直是人们关注的焦点。它被铭刻于第一批农业文明之中。这些文明出现在埃及的尼罗河流域以及美索不达米亚的“两河流域”。

由于尼罗河的洪水可预期地遵循一个周期，人们可借助天文事件来认识它。洪水发生在8月，那时天狼星在黎明前的天空中升起，刚好在太阳升起前面。这成为古埃及人最重要的天文观测——他们的生计似乎取决于它——并成为他们判断季节的基础。因此，“阿赫特”（akhet）是洪水季节，“佩雷特”（peret）是土地从洪水中浮现的季节，而“肖穆”（shomu）则是干旱季节。这使埃及人采用了历史上第一个阳历，由12个每月30天的月份组成，至年底还有5天。古代天文学史学家奥托·诺伊格鲍尔（Otto Neugebauer）称之为“人类历史上唯一智慧的日历”。[2]

尽管他们的日历既智慧又简明，埃及人的宗教却非常复杂，涉及许多神的崇拜。早期，他们将太阳视为最高神之一，即拉神（Ra.）。[3]天堂的大河乌尔-奈斯（Ur-nes），则标志着黄道，即太阳在天空中的路径，河上漂浮着一艘船，船上的乘客是一个火盘，即太阳本身。同样的溪流载着月亮船，伊阿胡（Iâãhu）有时被称为荷鲁斯（Horus）的左眼，在晚上从“东门”出现。溪流还承载着行星。乌埃普舍泰图伊（Uapshetatui，木星）卡希里（Kahiri，土星）和苏小库（Sobku，水星）像拉神和伊阿胡一样向前行船，但杜希里（Doshiri，火星）有时会后退——这表明埃及人一定对这颗行星在天空中与太阳相对的时候表现出的逆行或向后的环路印象深刻。木星和土星也表现出这样的环路，但不太明显。

在埃及方案中，金星得到了特殊待遇。它被看作太阳的亲密同盟，同时拥有两个名字。当它作为夜晚的第一颗星跟随太阳时，它是乌阿提（Uati）；当它作为清晨星先于太阳时，它是提乌-努提里（Tiû-nûtiri）。有时它还被称为“贝宁”（Benin），即苍鹭。这是一种尼罗河河岸常见的水鸟，它们潜入河中，再飞起。金星在天空中好似苍鹭，它消失在地下很长时间，但总是会回来。

古代最勤奋的金星观测者是苏美尔-阿卡德人——实际上，直到公元1000年左右的中美洲阿兹特克人出现之前，他们一直都是最勤奋的观测者之一，这是在美索不达米亚（指的是底格里斯河和幼发拉底河之间的“新月沃地”，如今位于伊拉克北部和西北部，但也用于描述从东北部的扎格罗斯山脉到西南部的阿拉伯沙漠的地区）发展起来的另一个伟大的农业文明。

与埃及人相比，苏美尔人鲜为人知。虽然希腊历史学家希罗多德对埃及的论述很多，但在他有生之年却从未听说过苏美尔，可见，那个时代苏美尔已经不复存在了。直到19世纪中叶——当时驻扎在君士坦丁堡的英国大使馆助理

新月（“地球反照光”照亮了月球黑暗的一面），水星和金星（位于山脊之上，湖水倒影的上方）

奥斯汀·亨利·莱亚德（Austen Henry Layard）在霍默兹德·拉萨姆（Hormuzd Rassam）的协助下，开始挖掘尼尼微遗址（近21世纪初伊拉克战争中受到严重破坏的现代城市摩苏尔），才开始恢复苏美尔引以为荣的历史和遗产。即便如此，它在大多数历史记载中仍然被轻视。苏美尔人通过一套灌溉运河系统创造了第一个城市型社会，引入了大规模生产技术，并发展了一种基于楔形文字（用芦苇笔斜边在泥板上刻记号）的书写系统，起初主要用于商人追踪货物流通。随着苏美尔城邦变得更加强大，这种文字被用来维持庞大的官僚机构运作，同时维持王室记录有序。随着时间的推移，书记员的记录不仅仅是货物流通，还有天空中的变化。最终，他们记录了长达一千多年的天文现象。这些记录为天文学起源提供了基础数据。

由于苏美尔人与埃及人不同，他们使用的是阴历，因此，他们非常关心何时能在日落后的天空中首次看到新月，这一观测被用来标志每个新阴历月份的开始。为了更好地观测地平线，天文观测者开始在七层梯田金字塔形建筑的高平

金星与月亮，1921年7月2日，在巴黎附近的弗拉马里翁天文台上空所见。

台上观测。古代苏美尔城市吾珥（《圣经》中“迦勒底的吾珥”，据说是亚伯拉罕的出生地）的金字塔形建筑，建于公元前2112—前2095年，最为有名。除了其他任务外，作为祭司兼天文学家，他们还负责决定何时在他们的阴历中添加额外的第十三个月，以确保阴历与季节和宗教节日保持同步。

由于金星在夜空中的璀璨——有时还称它为“天堂的火炬”，金星吸引了祭司兼天文学家的注意，特别是当它经常与新月近在咫尺时。事实上，这两个天体在一起的景象是肉眼观测令人印象深刻的天文现象之一。此外，金星在苏美尔语中被称为伊南娜（Inanna），这是苏美尔万神殿中最重要的神祇。因此，它在天空中的漫游不仅引起了祭司兼天文学家的极大兴趣，还激发了宗教崇拜，使人们创作出大量的神话传说。

从地球上看，金星在太阳的近侧和远端交替通过，分别称为下合和上合。当金星首次在夜空中肉眼可见（在上合之后），太阳位于地平线以下约6° 的位置。然后，从一个晚上到次日晚上，金星缓慢上升，与太阳的距离越来越远，亮度和显著性不断增加。最后，大约在它首次出现的夜空后两个月达到最大分离角（东大距）46° ~47°，随着太阳落山后四个小时落下。现在，金星开始再次朝太阳方向下降，开始时下降缓慢，然后速度逐渐加快。在它首次出现在夜空约144天后，它在太阳光线中消失（在下合），在一段时间内不可见，通常是几个星期，然后迅速重新出现在清晨的天空中，成为晨星。它不可见的确切时间段取决于许多因素，包括天空条件、观测者所在的地理纬度、视力、金星和太阳的方位角之差等。现在，金星作为清晨星持续了440天后，在太阳后面消失（在上合），整个过程如此重复。

我们从一篇苏美尔文本中得知，在公元前2150年—前1400年间，伊南娜最初是一位雨神和生育女神。她还是杜姆兹—阿玛乌舒姆加尔安纳（Dumuzi-Amaushumgalana）神的新娘，她代表了椰枣树的生长和繁殖（因此她有时被称为枣簇女神）。她立志统治冥界，试图废黜她的姐姐埃列什基凯勒（Ereshkigal，大地女神），但未能成功，被杀后被送往冥界。最后，地球淡水之主恩基（Enki）设法将她带回，但前提是她必须提供一个替死鬼。当她发现丈夫杜姆兹（Dumuzi）在宴会上尽享佳肴而不是在哀悼她的离去时，她选择了他。最后，杜姆兹和他的姐姐格什廷安娜（Geshtinanna）被允许轮流代替她；每人在冥界度过半年，在冥界之上度过半年。伊南娜神话及其降入冥界的故事显然反映了天文学家观测到的金星在天空中的运行轨迹。

早在公元前3200年，伊南娜就在乌鲁克城的伊安娜（Eanna）神庙里受到崇拜，乌鲁克位于巴格达以南约250千米处，坐落在幼发拉底河河床的东部。这座城市大约在公

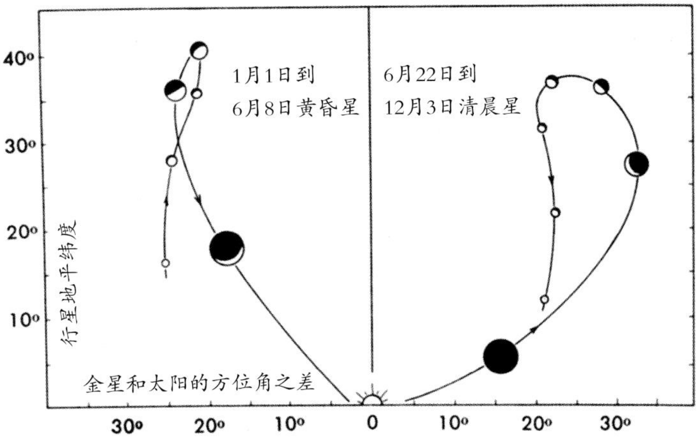

1964年金星相对于太阳的 位置。从1月1日到6月18 日，它作为黄昏星出现在 左侧，然后从6月22日到12 月3日作为清晨星出现在右侧。

元前4000年就有人居住，到公元前3200年，它的面积至少有250公顷（约2.5平方千米），有25000～50000名居民。[5]后来，随着一个苏美尔城邦在另一个城邦之后取得主导地位，如乌鲁克（Uruk）被基什（Kish）取代，接着是尼普尔（Nippur）、伊辛（Isin）、拉加什（Lagash）、埃里杜（Eridu）和乌尔（Ur），她的影响力扩大，获得了其他被征服城邦的神的特征，直到她成为古美索不达米亚最杰出的女神。这也许可以解释为什么“与其他静态且领地受限的神不同，伊南娜却一直年轻且冲动，总是想获得比她被分配到的更多的权力”，并且因为虐待她的恋人而臭名昭著。[6]无论如何，她因此获得了战争与性爱女神的双重性格。

闪米特人萨尔贡一世（Sargon I）阿卡德（Akkad）征服苏美尔城邦之后（约公元前2350年），人们对她的崇拜与日俱增。在萨尔贡的统治下，楔形文字不仅保持了其记录与保存的作用，而且还形成了能够表达闪米特语言的拼音。现在，破天荒的口头语言可以详细地呈现出来，这使阿卡德人能够写下迄今为止口头传播的大量记载，更不用说随后高度发展的文学。[7]正是萨尔贡的一个女儿，恩赫杜安娜（Enheduanna），乌尔城的伊南娜女神和月神南纳（Nanna）的祭司，创作了几部文学作品，包括神庙赞美诗《伊南娜的颂扬》，为这种“高度文明”的创造做出了贡献。这些作品与伊南娜相关，同时，它们是历史上最早与特定作者名字相关联的文学作品，[8]故而受到重视。从开头几行可以看出它们的质量：

神圣力量的圣母，
辉煌之光的圣母，

正义的圣母披着天堂般的光芒，
安和乌拉斯受人爱戴的圣母，
戴着神圣王冠的天堂女主人，
她喜欢与女大祭司仪式相称的美丽头饰，
…………
啊，天和地的大有者，你要教导他们敬畏伊南娜，
就像灌水突然降临异域的土地。[9]

在伊南娜和月亮女大祭司的双重角色下，恩赫杜安娜无疑会特别关注那些金星和新月在同一观测区域内紧密排列的时刻，就像所有时代和地方的天文观测者一样。此事在巴比伦第三王朝或卡西特王朝的第33位国王梅利—舍帕克二世（Meli-Shipak II，约公元前1186—前1172年）的界石上有一个特别令人印象深刻的描绘。伊什塔尔（Ishtar）/维纳斯（Venus）被描绘成一个八角星，跟在新月（辛）和太阳（沙马什）后面，这一描绘肯定是记录了一个真实的观测。八角星的意义是什么？它似乎是对著名的8年“金星周期”的明确引用，早在公元前2000年，人们就已经知道这个周期了。

众所周知，金星绕太阳公转一周需要224.7个地球日，从北极上方观测，其运行方向为逆时针。地球同样沿逆时针方向运行，绕太阳公转一周需要365.26天（恒星年）。当金星从一个点运动到下一个点时（例如下合点是离太阳最大距离的西方，上合点是离太阳最大距离的东方），地球会落后于金星。金星就像一匹更快的赛马，在每个点上迎头赶上并超过地球。最后，在过去的584天后，两个行星相对于彼此和太阳恢复到相同的位置（例如下合点）。这个周期为584

巴比伦国王梅利—舍帕克二世的界石，展示金星、新月和太阳排成一线。

所谓“金星五角星”，之所以这么称呼是因为金星靠近地球时形成了5个叶瓣。加上周期的近乎巧合——地球运转的8年时间里，金星绕太阳转了近13圈——金星今夜在天空中的位置恰巧是8年后的相同位置。

天，非常重要，被称为合日周期（synodic period）。这些位置在黄道带上呈现出间隔排列。8年后，地球已经绕太阳完成了8个周期；与此同时，金星绕太阳已经完成了几乎整整13个周期，所以整个周期周而复始。

如果地球是行星运动的中心，正如一些古人所相信的，那么金星的运动将类似于一个被称为“外旋轮线”的美丽玫瑰状图形。这个图形包含5个叶瓣，金星在最接近地球时，被称为“金星五角星”。每个叶瓣都在1个合日周期内完成，所以5个叶瓣在5×584=2920天内完成，也就是8个周期，8×365天=2920天。因此，整个周期完美循环，意味着无论金星现在的位置在天空中哪里，8年后它都会回到相同的位置。8年的金星—太阳周期并不完全精确；平均而言，它比实际周期短了约2.5天，所以8年后，金星到达太阳东方最大距离的时间会提前两三天，因此这些最大距离出现的时间会缓慢地逐渐提前。公元前5世纪的印度，阿耶巴塔（Aryabhatta）计算出金星绕太阳的轨道，对其周期和大小进行了非常好的估计，但他使用的观测数据仍然是个谜。然而，这似乎意味着印度教的天文学并没有以地球为宇宙中心。

巴比伦祭司兼天文学家在梅利—舍帕克二世时代肯定知道这个8年的金星—太阳周期。事实上，他们在几个世纪前就已经发现了这个周期，最晚在公元前第二个千禧年中叶。我们从现藏于大英博物馆的著名的“金星板”得知这一点。它曾属于亚述国王亚述巴尼拔（Ashurbanipal，约公元前668年至前627年），记录了金星在第一巴比伦王朝倒数第二位国王阿米萨杜卡（Ammisaduga）统治的21年间出现的情况。

阿米萨杜卡的“金星板”（收藏于大英博物馆编号第63号泥板）。

阿米萨杜卡时代的巴比伦祭司兼天文学家工作量似乎大大增加，不仅密切关注金星和其他行星的偕日升起和偕日落下（在太阳前后的第一次可见），还关注太阳和月亮的日食和月食、上行行星的静止点、逆行运动和亮度变化；行星与月亮、恒星和星座以及彼此之间的结合；甚至它们在月亮周围的光晕中的出现，因为他们对气象现象同样感兴趣。他们对天空中发生的一切都非常感兴趣，或许有点像艺术评论家约翰·罗斯金（John Ruskin）所表达的感觉：

> 地球上最高贵的景象只能为少数人所见所知；人类并非注定要永远生活在这些景象之中……然而，天空属于所有人……它在所有功能上都适合持续地安慰和升华人的心灵，使其得到抚慰，从糟粕和尘埃中净化。[10]

然而，他们的观测更像是牧羊人或航海者，他们对于天空对实际问题的象征感兴趣。他们混淆了相关性与因果关系，认为如果重要事件（如国王的废黜、起义、饥荒、战争）发生在他们注意到天空中的某个特定现象之后，那么当同样的天空现象再次出现时，事件也会随之发生。因此，祭司兼天文学家在他们的板子上记录了大量数据，包括气象数据和行星在恒星之间的不规律运动，以及据推测随之发生的地球事件。这些数据为“预兆”提供了基础，预兆是神的意志或解释，如“金星板”上的这个预兆：

> 在埃波月的第6天，宁达尔安娜（Nin-dar-anna）出现在东方；天上将会下雨，将有灾难发生。直到尼散月的第10天，她仍站在东方；第11天她消失。她在天上

消失了3个月；在杜祖的第11天，宁达尔安娜在西方陡然升起。战争将会爆发，庄稼将会丰收。[11]

值得注意的是，只有金星的出现是不祥之兆，而消失则不是。这似乎意味着当时的巴比伦人认为金星在地平线上的精确位置与雨水和干旱周期、播种和收获等生死攸关的事务相关。阿米萨杜卡和那个时代的其他巴比伦国王显然会咨询祭司兼天文学家，了解金星对于缔结和平或发动战争的最佳时机的看法。具有讽刺意味的是，阿米萨杜卡的统治以邻国赫梯人的毁灭性袭击告终；仅仅20年后，这座城市的控制权就会转移到该地区漫长而复杂历史中的一个新王朝。

巴比伦之后的金星

尽管苏美尔—阿卡德人和巴比伦人是最勤奋的金星观测者，但从苏美尔开始，对伊南娜的崇拜一直受到追捧，她的影响力持续了几千年。根据著名的苏美尔学者塞缪尔·诺亚·克拉默（Samuel Noah Kramer）的说法，古苏美尔关于伊南娜降入地府并返回的故事实际上是金星的故事，它激发了巴比伦、亚述、腓尼基和圣经的传统（最后演变为伊斯兰教和基督教），同时也对异教的凯尔特人、希腊人、罗马人、斯拉夫人和日耳曼人的宗教产生了重要影响。[12] 印度神话中金星有不同的起源。教导阿修罗（Asuras）的导师苏克勒恰里耶（Sukracharya）在死后升入天空。他拥有“复活知识”，可以让死者复活（或许与金星合日后在天空中消失和再现有关）。这个起源通常不为人所知，但这个故事对今天的复活神话仍然有很大影响。

在亚述和巴比伦，伊南娜被当作伊什塔尔，即“天堂女王”来崇拜，她的象征是八角星，有时是狮子。她与古代黎凡特地区的迦南人和腓尼基人所崇拜的阿斯塔尔塔（Ashtart）或阿什脱雷恩（Ashtoreth）相同，希腊语中称为阿斯塔蒂（Astarte）。有趣的是，在梵语中，数字8是ashta。英国诗人约翰·弥尔顿回忆起她：

> 阿什脱雷恩，是腓尼基人称为阿斯塔蒂的天堂女王，头上长了新月形双角；
>
> 每当明月之夜，西顿的处女们便向她们那漂亮的偶像宣誓、歌唱。[13]

阿斯塔蒂的影响体现在希腊人将这颗行星与他们的美神和爱神阿芙洛狄忒（Aphrodite）相等同。在中国，它被称为“太白”，意为“美丽的白色之物”。尽管大多数文化都将其与女性美相联系，但这并非普遍现象；在印度，它被称为舒克拉（Shukra），是一位男性神祇，一些美洲土著的故事中也将其视为男性。

荷马时代的希腊人使用了赫斯珀洛斯（Hesperos）和福斯福洛斯（Phosphoros）这两个名字，前者代表黄昏星，后者代表清晨星。因此，在《伊利亚特》中，阿喀琉斯的长矛闪烁着光芒，被比作“天空中最美丽的星星”。[14]后来的诗人萨福（Sappho，公元前630—前570年）唤起了更温馨的情感：

> 你是黄昏的牧羊人
>
> 赫斯珀洛斯，你把黎明的光驱散的一切都赶回家：

你赶绵羊，赶山羊，赶孩子回到母亲身边。[15]

希腊人很晚才认识到黄昏星和清晨星是同一个天体。这无疑与金星行为的不对称性有关：在从黄昏到清晨伸展的144天左右，它位于绕太阳轨道的地球近侧；而在从清晨到黄昏伸展的440天，位于绕太阳轨道的地球远侧，因此必须移动更大的距离。（注意144+440=584天，即合日周期。）除非有理由对其进行连续的长时间观察，就像苏美尔-阿卡德人和巴比伦人在许多世纪里所做的那样，以及后来的玛雅人所做的那样，否则要把握其漫游的秘密，或者认识到赫斯珀洛斯和福斯福洛斯是同一个天体，就像丁尼生（Tennyson）所写的那样，“两个名字/同一物体……/你的位置改变，却还是原来的星星”，这是非常困难的。

据说，公元前6世纪末，著名的来自萨摩斯的毕达哥拉斯（Pythagoras）是第一个意识到这一点的希腊人。毕达哥拉斯本人即是一个半现实、半神话的人物，他在理性思维和神秘主义上都取得了平衡，因关于直角三角形的勾股定理而闻名（或声名狼藉）于每个数学学生。与塔莱斯（Thates）、阿纳克西曼德（Anaximander）、赫拉克利特（Heraclitus）等来自伊奥尼亚群岛的人一样，毕达哥拉斯是亚里士多德所称的“自然论者”之一。毕达哥拉斯在早年曾访问过埃及和巴比伦（很可能还去过印度，因为那里有已知二次方程的解），他可能在广泛的游历中了解到了赫斯珀洛斯的身份。然而，他绝非一个模仿思考者。他做出了许多原创性的发现，最重要的是在音乐中发现了隐藏的数值关系——如在中间按下一个琴键会产生一个八度音阶，而以3：2的比例划分它会产生一个被称为“五度”的音乐间隔。

这使他提出了一个观点，即自然界中到处都有隐藏的数学秘密，因此他说："一切皆数。"毕达哥拉斯本人或他的早期追随者之一试图将这种思维方式应用到整个宇宙，构建了一个宇宙论，其中金星和其他行星沿着圆形轨道运行，其位置遵循音乐进程。

起初，勤奋的苏美尔-阿卡德人和巴比伦人注意到（后来还被美洲玛雅人重新发现），金星运动中的奇特周期性不仅可以理解为循环，还可以用宇宙几何学来解释。之后，金星才逐渐被科学所了解。

第二章
望远镜：新阶段的开始

他从光的圣殿里移来大部分的光，
放进太阳中，太阳多孔，
接收和吸进光流，
坚实地保存收集到的光线，
现在成了光的大宫殿。
这儿，其他星星把它作为光的源泉，
用金壶汲取光以恢复光明，
晨星也由此把角包上金边。
由于色调或反光放大了微妙的奇特性，
但因距离遥远，
从人眼看来，
显得极微小。

——约翰·弥尔顿（John Milton）

古希腊人认为地球是宇宙的中心，太阳和其他行星，包括金星，围绕地球旋转。萨摩斯的阿里斯塔克是个例外，他在公元前3世纪提出了一种日心说，认为地球是围绕太阳旋转的行星，但当时他几乎没有拥护者。另一个是公元5世纪的阿耶波特耶，他计算出行星轨道，但他的贡献在西方基本上不为人知。地心说最复杂的形式是由埃及亚历山大城的天文学家克劳狄乌斯·托勒密在公元2世纪的《天文学大成》

（*Almagest*）中提出的。这是直到文艺复兴初期最有影响力的天文学著作。根据这一理论，每颗行星都在一个小圆圈内运动，称为本轮，其圆心又在一个大圆圈内运动，称为均轮。在16世纪，波兰天文学家尼古拉·哥白尼（Nicolaus Copernicus）提出了一个颠覆性的理论（仍然有本轮，但现在以太阳为中心而不是地球）。哥白尼在1512年就开始撰写他的新理论，一直等待合适的出版时机，他担心被指控为异端邪说；直到1543年才发表最终版本。这本不朽名著就是《天体运行论》（*De Revolutionibus Orbium Coelesstium*），据说第一批样书在他临终时才送到的。[1]

天文学家们开始选择支持哥白尼或托勒密的体系。有一个对金星的特殊观测，原则上可以证明其中一个的正确性。在托勒密体系中，金星始终位于地球和太阳之间。在哥白尼体系中，金星绕太阳运行，因此可以出现在地球和太阳之间，也可以出现在太阳的远侧。

因此，假设金星是由反射的阳光照亮的（即使在哥白尼时代，也不是每个人都承认这一点，有些人认为金星可能是自发光的或透明的），在托勒密的理论中，当金星绕地球

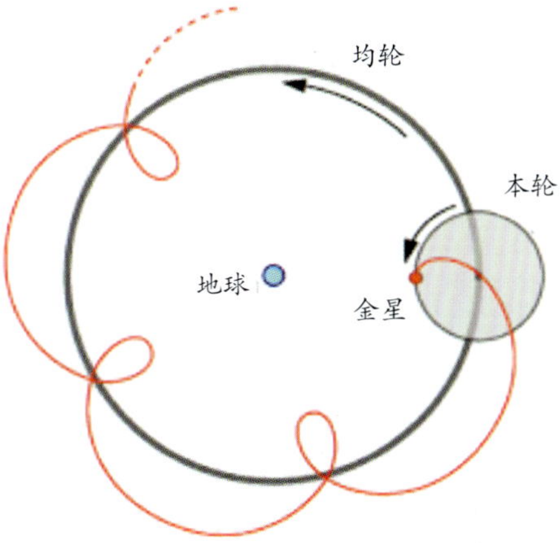

根据托勒密的说法，金星的运动。沿着大圆圈——均轮——的运动周期是1年（使金星与太阳保持同步），沿着本轮的运动周期是225天。这两种运动的组合产生了金星五角星，即金星在8年内在其本轮内向地球内侧摆动 5次。

运行时，它总是呈现新月相。它永远不会被看作是满月，甚至是半月。但在哥白尼体系中，它应该展示出整个相位范围——满月、半月、凸月，甚至在太阳的远侧时呈现出完全照亮的圆盘。

进行关键的观测，需要光学辅助。1609—1610年，伽利略·伽利莱（Galileo Galilei），帕多瓦数学教授，哥白尼的追随者，受到荷兰透镜制造商汉斯·利珀谢（Hans Lippershey）的启发，发明了他称之为“窥镜”的东西，德国天文学家约翰内斯·开普勒（Johannes Kepler）称之为望远镜。众所周知，他用它发现了月球的月坑和环形山，以及围绕木星运行的4颗卫星，这证明了地球并非所有天体运动的中心。他也渴望观测金星，但直到他搬到佛罗伦萨后

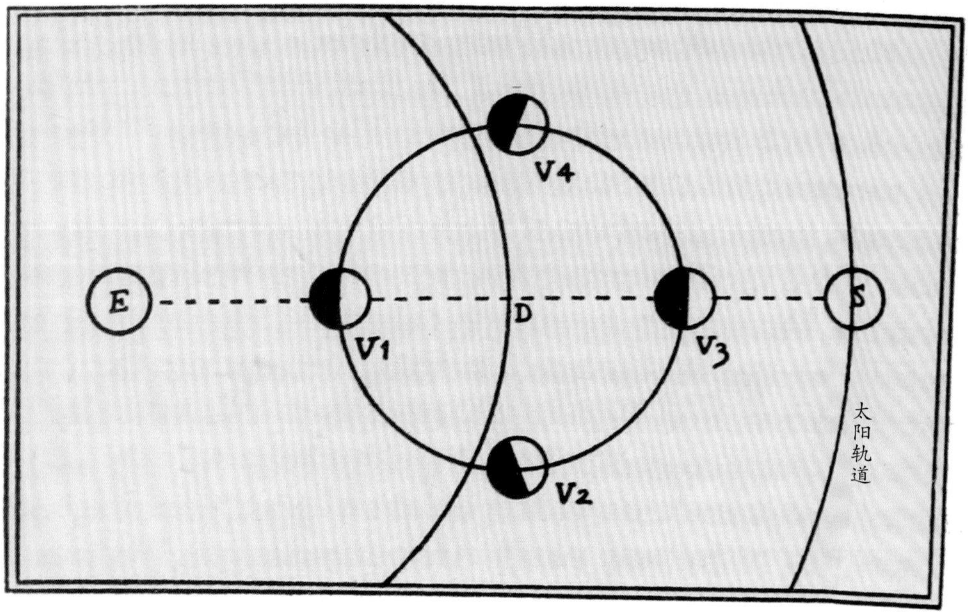

金星在本轮上运动，而本轮的中心沿绕地球的均轮运动。托勒密体系的一个特点是，本轮的中心始终必须保持在地球和太阳之间的一条线上。显然，金星可以呈现新月或细弦状，但永远不会是满月、凸月甚至半月。

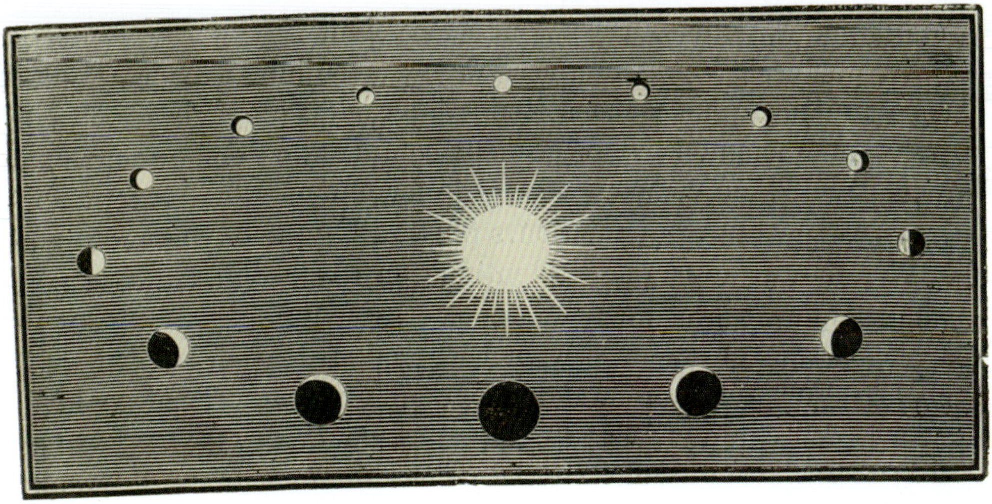

金星的相位，按哥白尼体系演示的模型图

的1610年9月，金星才在长时间的消失后重返夜空。[2] 不幸的是，金星仍然非常小，离得很远，在伽利略的光学性能不完美的小型望远镜中，只能看到一团明亮的光晕。直到11月中旬，金星到达二分（此时相位应为半月），新相位的“角”才开始出现。再过几周，伽利略就确信无疑地向在布拉格的开普勒发送了一个字谜（一种用于保护发现优先权的密码），内容如下：“Haecimmature, a me, iam, frustra, leguntur–o.y.”（两个字母o.y.是多余的）。它的意思是，“我现在正在徒劳地把这些不成熟的东西放在一起”。然而，一旦解开谜题，字母就变成了“Cynthiae figuras aemulatur mater amorum”，意为“爱之女神（金星）仿效辛西娅（月亮）的相位。”

金星不能像托勒密所假设的那样运动，哥白尼的理论得到了证实。这是伽利略最伟大的成就之一，尽管众所周知，他对哥白尼理论的支持使他陷入了严重的麻烦。可悲的是，

从金星上合（金星与地球位于太阳两侧时）到金星下合（金星运行到太阳和地球中间位置时），金星的视直径变化。从左侧的10角秒到右侧的60角秒。

作为黄昏星的金星在2007年1月至7月间一系列相位变化。这组照片由皮恩·瓦尔克拍摄，使用口径31.5厘米牛顿式反射望远镜配备UV滤镜的视频摄像机捕获。

他晚年被传唤到罗马，受到罗马宗教裁判所的审判和谴责，被禁止教授日心说。他被软禁在阿尔切特里的别墅里，直到1642年去世——他是伟大的科学殉道者。

金星的相位是否肉眼可见?

几乎所有的小型望远镜，甚至更大的双筒望远镜，只要稳定地安装在三脚架上，大多能轻松观测到新月相。有争议的说法是，视力特别敏锐的人肉眼就可以看到新月，如果情况属实，这可能就是古代阿斯塔特（维纳斯）经常被描绘成长着新月角的原因了。在尼尼微发现“金星板”的奥斯丁·亨利·莱亚德爵士还发现了一个手持新月形权杖的阿斯塔特雕像；此外，在巴比伦附近的希拉发现的阿斯塔特雕像（现藏于卢浮宫）有角头盔。荷兰天文史学家安东尼·潘涅库克（Antonie Pannekoek）曾提及一份被某些亚述学家解读为：“当伊什塔尔（金星）右角接近某星，国家将五谷丰登；当伊什塔尔左角接近某星，国家将受。”[3] 他补充说：“在（美索不达米亚）大地的清澈的大气中，很可能观测

女神伊什塔尔，佩戴有角头盔，手持武器，身边有只狮子，与太阳有关。源自公元前2350—前2150年的阿卡德帝国图章。有角头盔可能是后来描绘阿斯塔特（维纳斯）新月角的灵感来源。

金星

金星、 水星和月亮在2020年5月24日形成一个直角三角形（金星位于直角处）。金星快速移向下合点（6月3日）被捕捉到，它与太阳边缘的距离只有12.6角分的弧度——这是继它在2012年6月6日8年“金星周期”中错过凌日的差值。水星出现在照片上部稍偏左的位置，难以发现。

到金星月牙形的角。”[4]

声称用肉眼看到新月的观测者不胜枚举。美国传教士戴维·塔潘·斯托达德（David Tappan Stoddard）于1852年从波斯乌罗米亚（今伊朗乌尔米亚）写信给约翰·赫歇尔（John Herschel，威廉·赫歇尔爵士的儿子，父子都是著名的天文学家）说：“黄昏时分，肉眼可以看到木星的卫星和土星的细长形状，透过深色玻璃，金星半月形状映入眼帘。”[5]土星的细长形状和木星卫星的观测并不令人信服，但也有一些不太引人注目却更可信的证据。其中最可信的是使用深色玻璃在黄昏时分观测金星，因金星耀眼的光芒被深色玻璃压住，加上年轻人敏锐的视力，多数情况反而更容易观测至金星。因此，帕特里克·摩尔（Patrick Moore）认为：

> 韦伯牧师说，新月相在他知道其存在之前，一个名叫西奥多·帕克的12岁男孩没有光学辅助就看到了。弗兰克斯在1890年至1900年间也看到了新月相位。我可以为此作证，因为弗兰克斯的父亲——老弗兰克斯，著名的观测家和R. A. S. 金牌获得者，于1933年去世——是我非常了解的人。[6]

针对这些报道，应该指出的是，当金星呈新月相时，它的角直径在50"～55"范围内，刚好是人类肉眼日光分辨率的极限（假设瞳孔直径为3毫米）。[7] 如果与屏幕上显示的像素类比，意味着人们若想看见新月相，分辨率在15"或20"。能达到这个水平的人类非常罕见，基本上是不存在的。作者确信，尽管我们尝试过很多次，但从未用肉眼看到过新月相。最多只能辨别某些时候金星是细长的，像玛丽·布拉格（Mary A. Blagg）和美国行星观测者斯蒂芬·詹姆斯·奥梅拉（Stephen James O' Meara）[8] 声称的那样。至于古代阿斯塔特/金星与新月相位的联系，利克天文台的威廉·华莱士·坎贝尔（W. W. Canupbell）总结道，“这是一个纯粹幸运的猜测，可能是在新月的影响下得出的”。

靠近太阳的行星

1609年，也就是伽利略第一次用望远镜观测天空的那一年，开普勒出版了《新天文学》（*New Astronomy*）。这是天文学有史以来最重要的著作之一，开普勒在书中详细论述了以第谷·布拉赫的观测为基础，测算出行星绕太阳运转轨道的形状的艰苦历程。与托勒密和哥白尼的本轮不同，他发现：所有行星绕太阳运动的轨道都是椭圆，且太阳位于椭圆的一个焦点上。开普勒主要依靠的是第谷的火星观测数据，从而得出这个深刻的结果。开普勒取得这一重大成果是幸运的，一方面是因为火星的运动轨道是八大行星中除水星以外公转轨道离心率最大的一个。另一方面，金星的轨道几乎是个正圆形，如果第谷观测的是金星，开普勒可能永远不会发现椭圆形轨道。

在托勒密体系中，水星和金星的本轮中心位于地球与太阳的连线上。然而，这只是一个模型，将它们的轨道放在太阳之外同样合理。在哥白尼体系中，水星和金星的位置没有歧义——它们明确在地球环绕太阳运动的轨道的内侧，正如上面所提到的，与伽利略用望远镜观测的结果一致。这还意味着，这两颗行星有时会运行到太阳正面，就像一个小黑圆点在太阳上缓慢移动。天文学称之为“凌日”，只发生在内行星（水星和金星）位于地球和太阳之间时。因为水星的轨道与太阳赤道面的夹角约为7°，金星轨道倾角为3.4°，行星通常会错过太阳，从上方或下方经过。只有当下合发生在黄道面附近时——即行星轨道平面与地球轨道平面相交的点，称为黄白交点——才会发生凌日。这两个节点称为降交点还是升交点，取决于行星穿过黄道是由南向北还是由北向南。水星凌日只能发生在5月初和11月初，平均每个世纪发生13次。而金星凌日发生在6月初或12月初，成对出现，但发生得不频繁，相隔一个多世纪。最近的一次金星凌日发生在2004年和2012年；下一次将发生在2117年和2125年（见附录三）。

在开普勒之前，天文学家使用莱茵霍尔德（Erasmus Reinhotd）根据哥白尼日心说编制的《普鲁士天文表》以及根据托勒密地心说编制的《阿尔方索天文表》。开普勒利用椭圆轨道，制成比过去精确30倍的《鲁道夫星表》。这个庞大的工程耗费了他20年光阴，刚启动没多久，他便算出水星会在1607年5月29日靠近下合点，很可能会发生凌日。

他在当时居住的房子的阁楼上设置了自己的观测点，通过瓦片的缝隙让阳光照在一张纸上，制作了一个针孔相机，从预测凌日日期的前一天开始等待。那天，稀薄且杂乱的云朵在头顶飘过，通过间隙，他看到了太阳上的一个黑点，他以为这是水星凌日，正如两年后他发表的观测报告中所表述的那样。当时的开普勒还不知道太阳黑子的存在，这一发现要等到望远镜发明之后——1611年，伽利略和其他几位天文学家首次发现并记录下太阳黑子。最后，开普勒意识到自己的错误；他的计算出了差错，水星凌日应该在1607年6月

1日（而不是5月29日），他叹息道：“哦，幸运的我是本世纪第一个看到太阳黑子的人！”[10]

开普勒毫不气馁，继续修正他的计算，最终在1627年出版了《鲁道夫星表》（*Rudotphine Tabees*），这是以他的赞助者神圣罗马帝国皇帝鲁道夫二世的名字命名的，距离鲁道夫去世15年。从事这项艰巨任务期间，开普勒发现水星凌日将在1631年11月7日中午的欧洲发生，紧接着的一个月内，金星凌日将在12月6日至7日发生。遗憾的是开普勒本人于1630年11月去世，只有几位知道他预测的观测者，成功看到了水星凌日。其中最有名气的是法国迪涅莱班大教堂的传教士皮埃尔·伽森狄（Pierre Gassendi），他在巴黎观测到这个现象。在这次成就的激励下，伽森狄为壮观（且罕见）的金星凌日制订了周密的计划。在1角秒的弧度内，金星将在太阳上呈现一个圆盘，比水星大6倍，甚至肉眼可见。开普勒预测金星凌日将在欧洲的夜晚发生，但计算中仍然存在很多的未知，伽森狄决定寻找它。经过充足的准备，他在12月4日开始观测；不幸的是，当天和次日暴风雨肆虐。直到12月6日——开普勒实际预测的金星凌日日期——云层散开，伽森狄才看到太阳。他一直等到下午3点，投影屏幕的圆圈始终没出现任何黑点。12月7日，他继续观测整个上午。又一次，什么都没有观测到。众所周知，与水星凌日相比，伽森狄是唯一一个尝试观测金星凌日的人。他希望能为他的水星观测增光添彩。只是造化弄人。

现在我们知道，正如开普勒所预言的那样，凌日确实发生了。如果有人观测的话，在尚未被发现的新西兰和大洋洲、亚洲、非洲以及欧洲部分地区都能观测到金星凌日。金星凌日期间，理论上有四次所谓的接触：第一次接触，凌日开始前，金星会缓慢接触太阳东侧，随后从外侧开始接触太阳的时刻；第二次接触，金星进入太阳表面，其刚好进入太阳内侧的时刻；第三次接触，金星开始接触太阳表面的另一侧边缘的时刻；第四次接触，金星刚好离开太阳表面的时刻。在中欧地区，当太阳升起时，凌日已经接近尾声；只有但泽（今格但斯克）、奥尔穆茨（今称奥洛穆茨）、因戈尔施塔特、因斯布鲁克、博洛尼亚、佛罗伦萨、罗马和那不勒斯等地才能观测到“第四次接触”。许多潜在的观测者可能因为欧洲战争的动荡而分心。在巴黎，太阳升起时，凌日已经结束。[11]

英国的胜利

8年后的下一次金星凌日几乎遭遇同样的命运，因为开普勒的预测并没有延续太远。幸运的是，当时年仅20岁的杰雷米亚·霍罗克斯（Jeremiah Horrocks）是开普勒在英国最早的追随者之一。本打算从20岁开启辉煌的天文学生涯，可惜他的职业生涯很快就被缩短了。

霍罗克斯出生在兰开夏郡的托克斯特斯（Toxteth），当时这是距离利物浦仅5千米的一个小村庄，现在已经并入利物浦。他接受了严格的清教徒教育，还有一些少量的拉丁语和希腊语的学习。如同其他天文学家一样，霍罗克斯对天文学的热情很早就开始了，他后来回忆道：

> 当我还是个孩子的时候，第一次将注意力放到天文学上，我产生了很多想法和强烈的激情。天文观测让我沉浸其中无法自拔，天文的崇高也激发了我崇高的思

想。我对第谷和开普勒等杰出大师充满敬意，并效仿他们，实现与他们相媲美的成就。[12]

13岁时，霍罗克斯已经给人留下了足够深刻的印象，他被送到剑桥的伊曼纽尔学院（Emmanuel College），在那里待了3年，没有获得学位。当时的课程几乎全是古典文学；根本没有正式的数学和物理教学，如果他继续留在兰开夏郡，很可能也会得到同样好的教育。我们不知道他为什么离开，但很可能是因为他无法支付学院的学位费用。回到托克斯特斯后，他开始进行天文观测，并结识了布劳顿（Broughton）的亚麻布商人和业余天文学家威廉·克拉布特里（William Crabtree），后者年纪比他大几岁。

霍罗克斯的第一次观测使用的是一种叫“半经仪”的裸眼仪器，它由1根约1米长的木条（半径）组成，木条垂直于一根横杆，横杆上有3个“瞄准镜”，中间的“瞄准镜”是固定的，其他两个可移动的在两端。用这个仪器，可以通过视标读取星星之间的视角距离。他在大约1年的时间里对月球和其他行星进行了数十次观测，直至1637年3月19日，一个星期日——霍罗克斯生命中的重要事件似乎总是发生在星期日——他第一次记录了用望远镜观测月球掩星现象的情况。

2个月后，霍罗克斯得到一本《鲁道夫星表》。他通过自己和克拉布特里的观测，证实了开普勒理论是正确的，同时也发现调整开普勒的一些常数数值可以改进这些理论的预测结果。就这样，一项伟大的工作开始了，这项工作占据他短暂职业生涯余下的时间。1639年对他来说是伟大一年，他从托克斯特斯搬到了普雷斯顿西南16千米的穆奇

霍罗克斯之窗位于穆奇胡尔的圣米迦勒和众天使教堂北墙，纪念他1639年12月4日在附近地点进行的观测。当然，这是现代概念的画作，当时没有霍罗克斯的肖像画存在。这扇窗户于1872年安装。

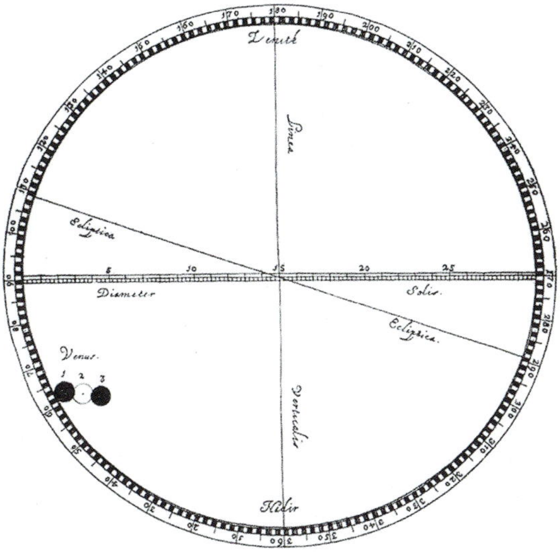

霍罗克斯的示意图显示了他在1639年12月4日落日前夕观测到金星刚刚进入太阳圆盘的情况。
摘自约翰尼·赫韦利《日面水星》（1662年）。

胡尔（Much Hoole）小村庄，这是一个相当荒凉的地方。19世纪传记作者罗伯特·布里克尔（Robert Brickel）牧师说："尽管对于天文学家来说这里无疑是一个开阔的地方，但这里却不是一个宜居的地方。"[13]显然，霍罗克斯在圣米迦勒和众天使教堂（St. Michael's Church）里担任了某种职务，尽管他不是虔诚的维多利亚人想象的牧师；也许他成了牧师助手或教师。无论如何，在那一年的秋天，他正忙于计算太阳、金星和火星的表格，当时他发现了一个惊人的事实——开普勒忽略的事实。在1639年10月26日（旧历；新历11月5日）写给克拉布特里的一封信中，他告诉克拉布特里"接下来的11月24日（旧历；新历1639年12月4日）太阳和金星将会合，这一天，金星将过太阳圆盘。这种现象已经很多年没有发生了，本世纪也不会再发生。因此，我恳请您好好使用您的望远镜，尽可能多地进行观测"。[14]

由于距此天象只剩一个月，他几乎没有时间把自己的

2012年6月6日，裸眼观测金星凌日。在匈牙利达尔诺泽利附近的日出时所见。

计算结果告诉其他人。除了克拉布特里，似乎只有霍罗克斯在利物浦的兄弟乔纳斯（Jonas）知道即将发生的天象。翘首以盼的那一天是一个星期日，霍罗克斯在他后面撰写的关于金星凌日的著作《金星凌日的观测》（*Venus in Sole Visa*）中记录说，他从日出到9时，从近10时到中午都在仔细观测。然后，在下午1时，他被召唤去处理“最重要的事务……我不能不去”。[15]可对于一个天文学家来说，什么事能比122年才发生一次的事更重要呢？大概是参加宗教仪式吧，毕竟在那个崇尚宗教的时代，参加宗教仪式是强制性的，没有例外。还有云层也是一个令人担忧的问题。幸运的是，在下午3点15分，就在短暂的冬日日落前35分钟，云层散去，他坐回望远镜前，告诉我们：“我……看到了一个令人愉快的现象，这就是我热切期盼的目标，一个不同寻常的巨大圆形斑点，已经完全进入太阳圆盘。”[16]在布劳顿的克拉布特里也成功了，只有乔纳斯被云层遮住了。整个17世纪，只有两个人（霍罗克斯和克拉布特里）成功地观测到唯一一次金星凌日。

尽管他完成了其他重要的工作，如改进月球运动的理论，发现木星和土星运动的“极大不等式”——木星运动得更快，土星运动得更慢，这与开普勒的平均运动值矛盾——霍罗克斯始终因预测且观测1639年12月4日的天象而被人们铭记。遗憾的是，他的生命不久便走到终点。1641年1月3日，还是一个星期日，在去看望克拉布特里时，他突然去世，死因不明。他才22岁。人们只能想象，如果他活得更久一些，又会取得什么样的成就。当然这是不可能的。他的传记作者，西德尼·贝特拉姆·盖索普（Sidney Bertram Gaythorpe）将约翰·弥尔顿在《利西达斯》（*Lycidas*）一诗中（1637年为弥尔顿的一名剑桥同学之一去世而作）的诗句应用到霍罗克斯的早逝：

> 当我们希望获取公平的奖励时，以为会突然爆发，
> 盲目的愤怒带上憎恶的剪刀，
> 剪断了稀薄的生命。[17]

第三章
17世纪和18世纪的探险

金星相位的发现令初出茅庐的天文学家兴奋不已，但随着时间的推移，这种现象变得司空见惯，人们期待能发现更多。作为一颗“恒星”，它的美丽无与伦比：亮度高达-4.7等，比其他任何行星或恒星都要亮；它因白天清晰可见，多数情况被当作不明飞行物进行报道。据法国天文学家弗朗索瓦·阿拉戈（Francois Arago）记载，1797年它的风头成功地超越了拿破仑：

> 布瓦尔（Alexis Bouvard）告诉我，拿破仑从意大利凯旋前往卢森堡宫时，本来许多人在巴黎的街道上等候他，可是当拿破仑走在街道上，却发现人们目光转向西边天空，都在看一颗光芒四射的星星，拿破仑非常惊讶。当时正好是中午，他们便把这颗星当作意大利征服者之星；而这位杰出的将军用他敏锐的眼睛看到这颗发光的星星时，对此说法漠不关心。这颗星星就是金星。[1]

现实是令人失望的。19世纪天文学家约翰·赫歇尔（John Herschel，1792—1871）爵士评论说，在望远镜中我们清楚地看到，金星展现出一种耀眼的光芒，使人目眩神迷，金星的表面没有像月球那样被永久性的斑点覆盖；我们

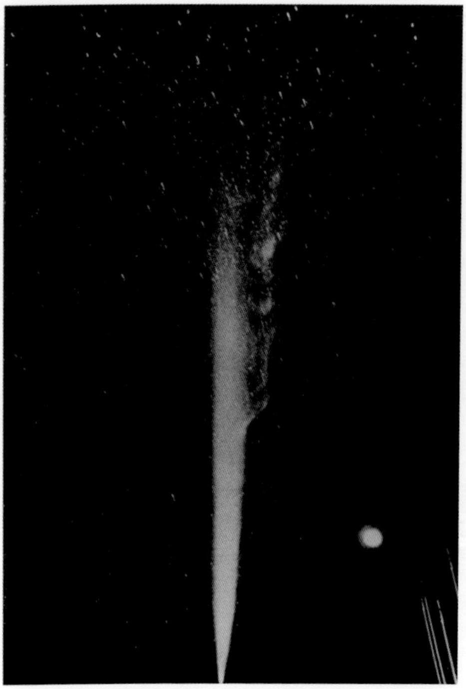

左图：1910年5月，厄尔·斯利弗（Earl C. Slipher）拍摄了金星和哈雷彗星的合影。在曝光过程中，相机对准了彗星和金星；右侧的弗拉格斯塔夫灯光在曝光过程中留下了轨迹。

右图：意大利征服者之星。

注意到它既没有山脉也没有阴影，而是呈现出均匀的亮度，我们确实可以想象，还有更亮或更暗的部分，但事实却令人无法满意。[2] 19世纪另一位著名的观测家威廉·弗雷德里克·丹宁（William Frederick Deming，1848—1931）也写过类似的报道：

> 当望远镜对准金星时，必须承认，结果几乎无法符合预期。观测者们认为，从它用肉眼美丽来看，仪器的力量理应极大地增强画面，并揭示出比在不太明显的行星上展示的更引人注目的景象。但这种希望是虚幻的。金星在夜间的光辉如此强烈，以至于它的光盘很少能被清晰地定义；通常有大量的眩光围绕着它，当我们

的仪器在这颗行星上测试其能力时，它们经受了严峻的考验[3]。

在非消色差望远镜中，充满了假彩效应，而且排列不当且涉及一系列反射表面的仪器会产生许多重像（“鬼影”）。这些效应导致18世纪有关金星有卫星的各种报道；尽管一些观察者很天真，但令人惊讶的是，连伟大的乔瓦尼·多梅尼科·卡西尼（Giovammi Domenico Cassini，1625—1712）也被欺骗了。[4] 除非使用高级的光学器材，观测者在黄昏时分观测金星时，由于金星的亮度降低，不刺眼，反而能看到令人满意的景象。不过，认真的观测最好在白天进行。白天要使用中性密度或可变密度偏振滤光片来减少眩光。19世纪英国仪器制造商乔治·威斯（George H. With）在他所有的金星器材中都使用了带含有未镀银滤光片的牛顿反射望远镜。

惠更斯（Christiaan Huygens，1629—1695）首次描述了金星平凡无奇的外观，而他最为人们铭记的是他发现土星环。在他的职业生涯接近尾声时，他总结了观测提出一些猜想。他写道：

> 我常常感到奇怪，当我看到金星离地球最近的时候，它像一个半月，刚刚开始出现像月牙一样的东西……它总是在我面前呈现出同样的清晰度，我在它身上一个斑点也找不到，但在木星和火星上……斑点非常明显。如果金星有海洋和陆地，前者必然比后者显得更加模糊，任何人都可以从一座非常高的山上往下看我们的地球。我想金星过于明亮的光线可能是这种均质现

象造成的；当我使用熏过烟的眼镜观察时，情况依旧不变。那么，金星是没有海洋，还是那里的水比我们的水反射更多的光线，或者它的陆地反射更少的光线呢？在我看来最有可能的是，我们看到的所有光线是从金星的大气层反射出来的，金星的大气层比火星或木星的大气层更厚、更坚固，阻碍我们看到金星的任何东西，同时它还把从太阳接收到的光线反射出去。[5]

1666—1667年，卡西尼在意大利博洛尼亚观测天象，之后被路易十四招到巴黎天文台工作。他多次观测到一个亮点，他说这个明亮的点完成了它的运转，“无论旋转还是摆动，大约需要23天，它在同一时刻回到了行星同一位置；

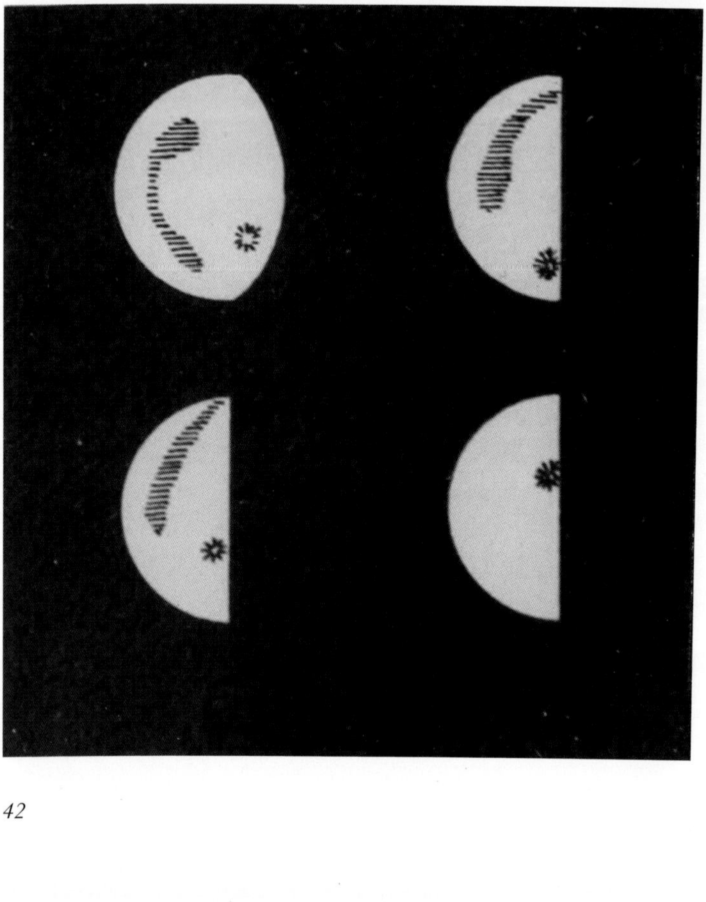

卡西尼（G. D. Cassini）1666—1667年在意大利博洛尼亚绘制的金星图。

这种情况不是没有规律的”。这个说法很有歧义。[6] 不过，1740年，卡西尼的儿子雅克（Jacques）重新处理了观测数据，得出了24小时20分钟的数值。从此以后，金星自转周期与地球相似似乎变得证据确凿，接下来两个世纪里除一次例外，约24小时的周期占据了主导地位。

这个例外就是弗朗切斯科·比安基尼（Francesco Bianchim），他1662年出生在意大利维罗纳的一个贵族家庭。在教会里发展事业，他成为红衣主教皮特罗·奥托博尼（Pietro Ottoboni）的图书馆员，当奥托博尼成为教皇亚历山大八世时，他晋升为教皇内侍。他与卡西尼有书信往来，1712年到巴黎执行外交任务期间，他为当时奄奄一息的伟大天文学家举办了教会的最后仪式。次年，他当选为伦敦皇家学会会员，提名人是艾萨克·牛顿（Isaac Newton）爵士。除了天文学，他还热衷于研究罗马古迹。1725年8月，在他开始研究金星之前，探索帕拉丁山上的凯撒宫殿遗址时遭遇了一起严重的事故，几乎中断了还未开始的观测：

> 我跑来跑去测量奥古斯都家东翼房间的尺寸时……不小心掉进了一个又宽又深的地洞里……我摔断了右腿，多亏上帝怜悯，我用双手和左脚用力压住洞口两侧，支撑身体的重量，避免头朝下掉进8米深的坑里，才逃过一劫。[7]

幸运的是，1726年初他就完全康复了，同年2月或3月开始将金星作为黄昏星进行研究，使用的“空中”望远镜口径为60毫米，焦距为19.5米和20米，放大倍数为112.8倍。[12] 他在不同地方安装了他的“机器”，以便找到一个适宜的视野。其中一处是位于基里纳尔山的巴尔贝里尼宫花园，另一处是位于埃斯基林山的一个较小的场地。然而，大部分观测是在罗马以外25千米的阿尔巴诺进行的。从日落后半小时的黄昏开始工作，观测时间约为1个小时，直到金星落山为止，比安基尼成功地发现了一系列暗淡的斑点，这些斑点类似于肉眼看到的月球上的“海洋”，但不那么明显。之后他又在1726年5月—6月的早晨、1727年7月—9月的傍晚以及1728年1月的早晨进行观测。最后，他准备发表他的研究成果——《长庚星和磷星新星现象的观测》，并献给葡

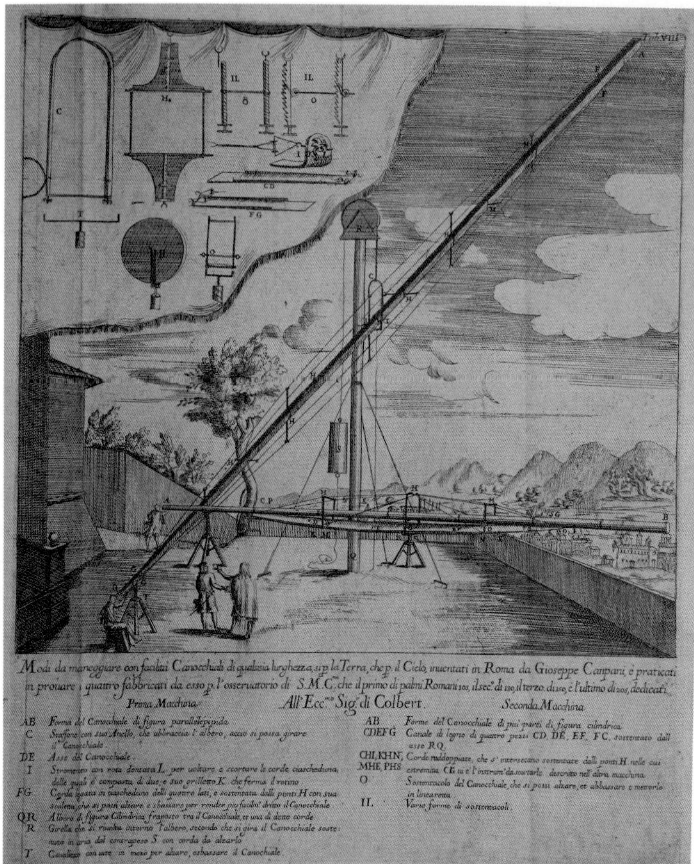

由罗马仪器制造商朱塞佩·坎帕尼（Giuseppe Campani）建造的一架“空中望远镜”，供巴黎天文台的卡西尼使用。

萄牙国王若昂五世。

我们应该怎么看待比安基尼所作的图中的黑点？对比无疑是夸张的，不能一概而论。毫无疑问，比安基尼是一位技艺精湛的观测家，除了有关金星的成就外，他还绘制了月球上阿尔卑斯山谷的第一幅图画，还发现了3颗彗星。意大利的天空条件极佳。根据现代对同期望远镜镜片的光学分析可知，伽利略的望远镜能够捕捉到短至325纳米波长的光谱，该波段正是金星表面特征最为显著的观测区间。我们完全有理由相信他所看到的是真实的。只是他的推论令人十分不满意。他认为这些斑点足够确定和永久，能够算出24天8小时

比安基尼在观测金星时调整“机器”（空中望远镜）的目镜端。

比安基尼在1726年2月的傍晚期间，使用19.5米和20米焦距的望远镜，在罗马和阿尔巴诺进行的金星观测。

的公转周期，并想象它们代表各种地形特征，如海和洋。他甚至绘制了一张由截面组成的地图，可以组装成金星仪，并将这些特征命名为天主教探险家，如哥伦布和韦斯普奇，天文学家伽利略（尽管他与教会有所分歧，但他死时仍是一名好天主教徒），以及亨利王子和比安基尼的赞助人葡萄牙国王若昂五世（O Magnânimo，即“宽宏大量的”）。北极的附近有一个马蹄形的标志，被命名为马可波罗海；南极附近的另一个“海”以费尔南多·麦哲伦的名字命名，依此类推。直到19世纪，英国牧师和著名的业余天文学家T. W. 韦伯（T. W. Weber）鼓励他的读者将比安基尼的地图上的标记转移到一个小“金星”仪上。无论人们如何评价这些斑点的真实性，它们在他的“金星”仪上的放置方式导致了一个虚幻的结果，因为它们是由完全任意的图形组合而成的。

1761年金星凌日

就在比安基尼用望远镜仔细观测金星的同时，年轻的天文学家约瑟夫·尼古拉斯·德利尔（Joseph-Nicolas Delisle，1688—1768）开始全神贯注地思考这颗行星。德利尔曾在卢森堡宫圆顶的一个天文台里短暂逗留（直到德贝里公爵夫人入住后将他驱逐），他被任命为皇家学院数学教授，这个职位是皮埃尔·伽森狄曾经担任过的。作为一个写信上瘾的人，他与埃德蒙·哈雷（Edmond Halley，1656—1742）定期保持联系，并在1724年访问英国时遇到了哈雷。他对后者用金星凌日来测量天文单位（地球到太阳的距离）的方法达到痴迷的程度。

哈雷在牛津大学时曾休假前往拿破仑被流放的圣赫勒拿

根据1728年比安基尼在《长庚星和磷星新星现象观测》（*Hesperi et phosphori nova phaenomena*）中发布的地图制作的金星仪。比安基尼将他所发现的金星斑点的研究命名为“celidography”，这个名字有点令人不快，来源于希腊单词“mark”和“to write”。这里显示的特征，康斯坦丁海和埃曼努利斯海，是为了纪念葡萄牙统治者，曾经想成为西班牙国王的“幸运者”埃曼努埃尔国王，他为了取悦西班牙人而驱逐了葡萄牙商业的支柱——犹太人，以及布拉干萨的总督康斯坦丁亲王、果阿总督。

岛绘制南半球星图，并于1677年11月7日观测到水星凌日。当哈雷观测这一现象时，立即意识到，如果两个观测者在纬度上相距很远，他们会看到行星沿不同的弦线穿过太阳。因此，可以确定弦的长度（或者说行星穿过太阳所需的时间）。这将导致太阳位置的观测值因观测者位置的不同而发生偏移。只要两个观测者之间的距离已知，就可以计算出到该行星的距离，并通过应用开普勒第三定律计算出到太阳的距离。实际上，太阳距离通常用所谓的太阳视差来表示，即从太阳看到地球半径所对应的角度。

然而，水星很小，而且距离太远，观测不够精确，哈雷意识到金星是一个更好的观测对象。尽管他在1691年发表了一篇名为《关于内行星与太阳的下合》（*On the Inferior Congumtions of Inferior Plenets with the Sun*）的论文，解释了如何"仅凭这一观察，就可以最准确地确定太阳与地球的距离"，但直到1716年，60岁的他，在伦敦皇家学会的《哲学学报》（*Philosophical Transactions of the Royal Society of London*）上发表了一篇论文，讨论了实际的细节，并自信地声称，通过观察金星的圆盘与太阳边缘的接触点，可以确定地球到太阳的距离，精确度为1/500。就像他预测将来命名为哈雷的彗星的回归一样，哈雷知道他自己也不会活着看到他的预言实现了；他于1742年去世。

下一次金星凌日发生在1761年6月6日（比霍罗克斯和克拉布特里观测到的时间晚了将近122年）和1769年6月3日。然而，时机无可挑剔。这是一个庞大的欧洲帝国时代。从1685年起，英国就获得了广泛的殖民地（西班牙从1570年开始，荷兰从1612年开始，葡萄牙从1674年开始）。除了在商业上的竞争外，这些帝国还争夺探索和科学发现带来的声望，就像美国和苏联在太空时代的竞争一样。为了成功地应用哈雷的方法，需要一个世界范围的观测者网络，这意味着，尽管存在竞争，但仍要在国际范围内协调观测。

这就是德利尔的作用。在他众多的通信员中，有俄国的皇帝彼得大帝。1725年，为了沿着西方路线使俄国现代化，彼得邀请德利尔到圣彼得堡建立了一所天文学学校和一座天文台。德利尔接受了，但彼得在计划实施前就去世了。彼得的第二任妻子，立陶宛农民出身的皇后，当时的俄国女王叶卡捷琳娜一世（不要与被称为“大帝”的叶卡捷琳娜二世混淆）再次提出了这个提议。德利尔可能没指望在这里待太久，伦敦皇家学院给了他4年的休假，在此期间他仍然可以重新担任他的职位。事实上，他在俄国待了20多年。1747年，当他回到巴黎时，路易十五想要确保他这次留在原地，任命他为“航海天文学家”，并授予他终身年金。在这种支持下，这位天文学家在索邦大学西岸德克吕尼旅馆建立了他的工作基地。

与比安基尼相比，德利尔对金星本身没有什么兴趣。他的兴趣完全集中在金星凌日现象，以及利用这些罕见的现象来确定太阳系尺度的基本单位上。他拥有魔法般的能量，自封为法国所有凌日远征的总组织者，此外，他还发现了哈雷原始方法中一个严重的、可能致命的缺陷。虽然只需要计算凌日的持续时间（或行星轨道弦的长度），但它只能应用于

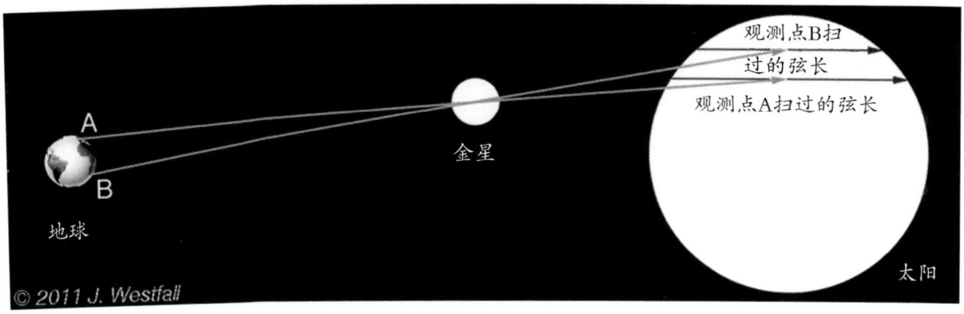

哈雷测定太阳视差的方法：从纬度相距甚远的两个观测站A和B出发穿越太阳的弦线，这两个观测站的纬度都在可以看到整个凌日过程的区域内。在穿越太阳圆盘时，会穿过不同长度的弦线（遵循不同持续时间的路径）。后来这种方法被约瑟夫·尼古拉·德利尔修改，观测者只需要观测凌日的开始或结束即可。

那些从头到尾都能看到凌日的地方。此外，为了获得最好的结果，纬度上的距离越宽越好，显然大多数观测者将留在欧洲，但至少有一些探险队将不得不被派往非常偏远的地方。哈雷的方法还有一个额外的问题，在入口或出口云层的干扰会使观测无效。意识到这些困难后，德利尔设计了另一种方法，让两个观测站的观测者都对凌日的同一阶段进行计时，比如开始或结束。这增加了天气配合的概率，尽管不可避免地有一个交替，因为德利尔的方法要求观测者计算出他们所处的确切经度。

德利尔做了大量的准备工作，包括制作了一系列漂亮的地图集（世界地图，将两个半球划分为不同的圆圈），显示了进行观测的最佳位置。

根据他的建议，他们开始着手计划，派遣让-巴蒂斯特·查佩·奥特罗什（Jean-Baptiste Chape Auteroche）神父到西伯利亚，将纪尧姆-约瑟夫-海辛-让-巴蒂斯特·勒·让蒂尔·德拉·加拉西埃（Guillaume-Joseph-Hyacinthe-Jean-Baptiste Le Gentil de la Galaisière）派到印度的本地治里，把亚历山大·居伊·平格里（Alexandre-Gui Pingré）派到马达加斯加以东的罗德里格斯岛。

最不幸的是勒·让蒂尔。他比其他人更勤奋，不但自费旅行，还很早就出发了，提前一年到达了法兰西岛（今毛里求斯）。然而，几乎立刻就有了麻烦即将来临的预兆。位于本地治里以南科罗曼德尔海岸的法国殖民地卡拉卡尔被英国人占领，本地治里本身也被封锁和包围。一支法国舰队在法兰西岛集结，打算解救本地治里（从而为勒·让蒂尔提供到达目的地的途径），却在1月份遭遇了一场意想不到的飓风。勒·让蒂尔本来打算在本地治里观测，但现在他已经快要放弃了，考虑乘船去荷属东印度群岛的巴达维亚。在做决定的时候，他又得了痢疾。当他适合旅行的时候，已经是3月了，另一艘法国船“西尔菲德号”已经备好了，准备再次启航，试图解除对本地治里的围攻。勒·让蒂尔认为，只要坚持原来的计划，一定能成功。不幸的是，他的厄运还在继续；船被吹离了航线，正如他后来写的那样，

> 我们迷失了方向……在非洲海域，沿着亚丁海岸，在阿拉伯海域待了5个星期。我们穿过了阿拉伯湾入口处的索科特拉群岛……我们出现了……5月24日，在马拉巴尔海岸，我们从本国的船只得知，这个地方已被英国人占领，本地治里对我们来说已不存在了……如果我们按照最初的目标到科罗曼德尔海岸去，我还不至于绝望；但是，使我深感后悔的是，我们决定回到法兰西岛。[13]

改道的船只没能及时到达。相反，当凌日发生时，勒·让蒂尔发现自己在印度洋中部的某个地方。虽然他在舰桥上观察金星经过太阳，但由于所处精确经度是未知的，其数据对远行完全无用。

黑滴如何破坏了观测

哈雷假定触点——金星和太阳边缘仅轻轻接触的点——在几何上是精确的。这意味着在确定天文单位时精度为1/500。然而，实际观测受到了一种光学效应的干扰，当金星的影像与太阳边缘相接时产生了一种模糊或黑暗条纹（称

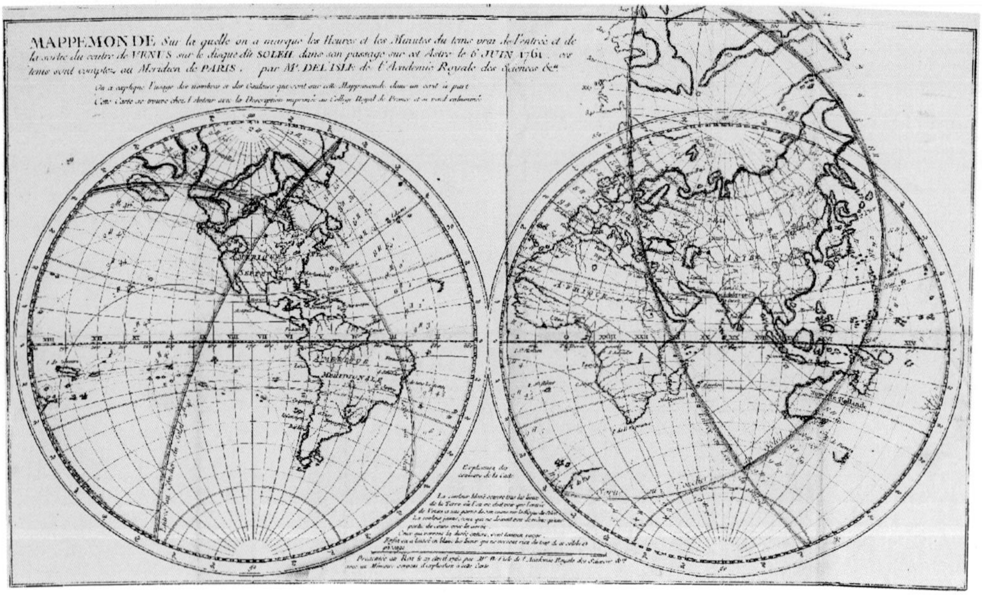

德利尔1761年绘制的金星凌日的地图。

为“黑滴”）。这种效应不仅在观测者中是无处不在的，而且高度可变，因此不容易加以控制。实际上，即使是站在一起的观测者的时间也可能相差一分钟或更多。

黑滴的原因现在已经很清楚：这是由于颤动的空气和望远镜中光的衍射引起的图像模糊，以及由于太阳边缘附近光线减弱的效应。过去，许多作者错误地将其描述为金星非常强的大气层效应，这显然是错误的，因为在无空气的水星凌日中也观测到了黑滴效应。[14]

另一种完全不同的现象是，在金星进入或离开太阳边缘前后，在金星的圆盘上可以看到明亮的光环，这是由金星大气层对阳光的折射产生的。这一发现一般归功于著名的俄罗斯学者米哈伊尔·瓦西列维奇·罗蒙诺索夫。[15] 这一点备受争议，查佩可能才是第一个发现者，尽管事实上，谁先发现并不重要。[16] 光环非常明亮，因为它代表了太阳的实际折射图像，但也相当细微，因为金星空气的总视角高度只有0.02角秒左右。

正如我们现在所知，光环产生于金星大气层的中间层，即上层云层之上的一层；对2004年和2012年现代凌日的详细观测甚至被用来计算金星大气层的垂直结构。[17]

1769年更多旅行者的故乡

虽然1761年的观测结果令人失望，主要是因为“黑滴”的意外介入，天文学家把它看作是一次“试运行”，因

臭名昭著的“黑滴”，破坏了许多凌日观测的精度。这是19世纪观测者乔治·赫斯特在1874年12月9日金星凌日时在澳大利亚新南威尔士州的观测，他只使用了一架4厘米折射镜，但在“异常清晰和稳定的大气中”。通常，恶劣的视场将增强这种效果。

“光环”，一种明亮而精致的光弧，在金星进入或退出太阳圆盘之前沿着其边缘可见，首次由观测1761年和1769年凌日的观测者发现。帕克在新南威尔士州北部高地的阿米代尔使用12厘米的折射镜进行观测，时间是1874年12月9日的金星凌日。

为在世的人从未见过这样的事件。现在，他们有8年的时间提前计划，下次凌日时他们可以准备得更好。1761年，法国人比英国人更早开始准备，但在1769年的凌日中，双方角色发生了逆转；那时的英国人完全领先他们的对手。

威廉·威尔士（William Wales）和詹姆斯·戴蒙德（James Dymonel）前往位于加拿大哈德逊湾的威尔士王子堡（今丘吉尔堡）。熬过了加拿大的严冬后，他们在凌日那天遇到了晴朗的天气，并对凌日进行了精确测量。与此同时，詹姆斯·库克（James Cook）驾驶着“奋进号”航行了半个地球，从刚刚发现的南海热带天堂塔希提岛（Tahiti）观测这次凌日，这是当时最雄心勃勃的壮举。在凌日当天的酷热中，库克亲自协助探险队的天文学家查尔斯·格林，并在金星角进行了成功的观测，金星角就是为了纪念这一时刻而命名的。凌日之后，他进一步负责寻找新的南方土地，观察其自然资源的潜力，即“当地人的天才、脾气、性情和数量”，并将其归乔治国王所有。库克3次著名环球航行中的第一次就这样开始了。

法国人也很活跃。勒·让蒂尔没有回法国，而是打算待在此地8年，直到下一次凌日。他全身心地投入毛里求斯和马达加斯加的植物学、动物学、地质学及人类学研究中。然而，他在金星身上的“厄运”尚未结束。他计划从马尼拉观测凌日现象，但被命令前往本地治里——自上次凌日现象发生以来的8年里，本地治里已经从英国人手中回到法国人的控制之下。他服从命令，却遭遇了天文学家最可怕的命运：他被乌云遮住了。在自愿从法国流亡十年之后，他除了回家别无他法。令人愉快的是，他的晚年是幸福的；他娶了一位名叫玛丽·波蒂埃（Marie Potier）的富家女继承人，生了一个女儿玛丽·阿德莱德（Marie Adélaïde），他对女儿宠爱备至，并在巴黎天文台过着舒适的生活，直到1792年去世，也就是法国大革命恐怖统治开始的前一年。

至少他安全回来了。夏佩却没有这样的好运。这位在1761年远征西伯利亚时表现出色的老兵，带领另一支队伍，包含5名法国人和2名西班牙军官，前往加利福尼亚州的圣何塞德尔卡沃的一个西班牙传教站观测1769年的凌日。夏佩第二次探险代表了18世纪海外探险所经历的漫长旅程和无法预知的延误：尽管他们在凌日之前8个半月就离开巴黎，但他们到达圣何塞德尔卡沃时，根本没有足够的时间来架设仪器。他们到达后还遭遇一场“流行性热症”（可能是斑疹伤寒）。这种传染病已经杀死了1/3的当地人口，但夏佩一行没有时间再做调整。凌日当天晴朗的天空意味着夏佩的成功。他和几个同事记录了所有的接触点，夏佩再次记录了金星在日面运动的弧线。只是由于他们到达得晚，还没来得及确定所处的经纬度。后面，他们一个接一个开始被流行病感染。尽管生病了，夏佩还是以惊人的决心，成功地计算出了6月19日的月食时间；团队的其他成员对伽利略卫星的几次掩食也做了计时，进而算出当地经纬度。夏佩一直坚持到8月1日，这位真正的科学烈士离开了我们。最初的团队中只有两人幸存，将观测结果带回法国。

尽管观测结果要等几年，甚至几十年，但18世纪伟大的凌日考察就这样结束了。

第四章
一颗充满幻想的星球和一些事实

西方之星——如果我们是出生在那辉煌星球或在火星，

我们会看到我们所叹息的地球，是他们最美的夜晚之星。

如果我们能梦到战争和屠杀，狡猾和疯狂，欲望和恶意，

在那和平光点里，是否有喧嚣的伦敦和嘈杂的巴黎？

——阿尔弗雷德（Alfred Tennyson）

随着金星于1769年6月3日离开太阳圆盘，它留下了一系列观测数据，这些数据将在未来几十年中占据天文学家的时间。不仅需要整理所有的时间数据，还需要计算采集这些数据时所在的地球表面的精确位置。此外，每个观测数据还需要根据观测者、仪器以及当时的观测条件进行加权。初步结果（独立得出）由托马斯·霍恩斯比（Thomas Hornsby）和杰罗姆·拉朗德（Jérôm Lalande）于1771年发表，安德斯·勒克塞尔（Anders Lexell）和亚历山大-居伊·平格雷于1772年发表。他们得出的太阳视差的值在

8.58"到8.80"之间波动。

为了将这些值转换为千米（或英里）的距离，需要准确的地球赤道直径值。然而，权威结果被长期推迟；直到另一对凌日（分别预测于1874年12月9日和1882年12月6日）即将到来的时候，才在半个世纪后发表。

巨大计算量的辛苦工作由一位德国天文学家和普鲁士陆军的前炮兵军官约翰·弗朗茨·恩克（Johann Franz Encke）承担。1822年，他成为德国戈塔市塞堡天文台的台长，并在接下来的两年里计算和重新计算了18世纪凌日的数据。他在1824年发表的太阳视差最终值为8.5776"，仅有0.4%的不确定度。将这个值与地球赤道直径的精确测定值（当时最好的测定值是由芬兰测地学家亨利克·瓦尔贝克于1819年进行测定的）相结合，就可以得到天文单位的值为53 340 000±660 000千米，或95 280 000±410 000英里，这个值被英国《航海年鉴》和美国星历表采纳，并被一代学生铭记于心。到它退役的时候，也就是1869年、1874年和1882年的凌日观测准备工作已经进行得很充分了，天文学家们对于在交通、仪器和观测技术（包括摄影技术的引入）的进步下，能够获得一个更为准确的结果持乐观态度。

金星作为一颗行星

所有关于金星凌日的关注，仅仅是将金星用作测量距离太阳的标志物，而导致对金星作为一个世界的研究被忽视。部分原因是天文学家的精力被其他方向的努力所吸引，但更重要的原因在于，从金星的反光云层中，反射回去80%的入射太阳光线，使得它的亮度极高，而且它的表面几乎没有什么特征，这使得对它进行研究非常困难。

这个无处不在的云层在视觉观测者的第一眼看来，呈现出一个几乎毫无特征的表面，最多只能辨别出一些轮廓不确定、反差很小的模糊斑点。即使是勤奋的观测者，也往往徒劳无功，而只是匆匆一瞥的人更是无从下手。著名的19世纪后期美国天文学家爱德华·爱默生·巴纳德（Edward Emerson Barnard）在1897年总结了他在利克天文台使用30.5厘米和91厘米折射望远镜的经验，并得出了结论，这一判断得到了大多数视觉观测者的认同。他写道："我们用多年时间观测这颗行星，但是不理想的视野总是让我感到挫败，无法得到满足……模糊的斑点经常出现。"他还补充道："我们或许拥有整个天空中最令人失望的物体，考虑到它极高的亮度所带来的希望。"[1]

伟大的美国行星观测员巴纳德于1889年5月29日在利克天文台使用30.5厘米折射镜所绘制的金星。空气中弥漫着来自火山峡谷附近的野火烟雾，它起到了一种天然的中性密度滤镜的作用，以改善视野。巴纳德认为这是他所看到的行星的最佳视野。

在这种情况下，关于这颗行星的信息非常有限。人们已知其直径和质量，表明其尺寸与地球相似，并拥有大气层。然而，尽管有许多推测，甚至对其自转周期和轴倾角的认识也长期不明确。

直到18世纪末期，比安基尼（Bianchini）总体上还是持续占据着主导地位，尽管他的观测结果有些可疑。然而，威廉·赫歇尔和约翰·希罗尼穆斯·施罗特这两位充满技巧和热情的观测者的决定性努力，使得对金星的研究在全球重新开始。[2] 18世纪70年代，赫歇尔是一位热爱天文学和望远镜制作的音乐家，利用汉诺威王朝与大不列颠王位之间的“个人联盟”，从汉诺威移民到英格兰。施罗特是汉诺威国王乔治三世的皇家内院秘书，他对音乐的兴趣使他接触到赫歇尔的兄弟。在1779年，他获得了一架小型的色差望远镜，用于观测金星，“不仅每天，而且在天气和她的位置允许的情况下，几乎每个时段都观测到了她”。[3] 从这可以看出，施罗特是首批（如果不是最早的话），在白天，而不仅仅是在黄昏时期观测金星的天文学家之一。赫歇尔在1781年3月发现了乔治第二星（现在被称为天王星），这一发现决定了这两个人的命运。在乔治三世的财政支持下，赫歇尔能够从音乐事业中退休。在与他的妹妹卡罗琳的合作下，他从此可以全职从事天文学和望远镜制作的工作，担任宫廷天文学家，不同于马斯克利内（Maskelyne）的皇家天文学家职位，施罗特则出于竞争的精神，放弃了他在汉诺威的要职，成为不来梅（Bremen）附近利林塔尔（Lilienthal）的首席法官，这使他可以将大部分时间用于天文工作。

两位观测员都对金星进行了一些观测，但施罗特的观测远比赫歇尔更加勤奋。一些关键的观测确定了行星存在着浓

1964年6月在金星近日点附近延伸的两角。道尔福斯和莫里斯在皮克杜米天文台获得这些图像，从左到右依次拍摄于6月17日、6月17日、6月18日、6月21日和6月25日。注意，细长月牙形状的方向每天都在快速变化。

密的大气云层。例如，他注意到，在终止线（行星的日夜半球之间的分界线）附近，光线明显减弱，因此，金星出现在眼中的一半时间与理论日期相差几天（这有时被称为“施罗特效应”），他正确地解释为由于行星大气吸收所致。他也是第一个注意到，在金星和太阳的角度距离小于约2°的内合时间附近，细长的月牙形状会延伸到暗侧并甚至融合成一个细腻的光环环绕整个行星盘，这同样是由于金星大气层的前向散射太阳光在云层上层产生的，这也是地球上出现暮光的过程。这些观测结果消除了克里斯蒂安·惠更斯长时间以来的猜测，即行星的耀眼外观是由大气云层的存在所致。[4]

所有这些都是良好、扎实的工作。更加可疑的推断来自他在1789年12月28日进行的一项观测，当时他使用的是焦距为2.1米的反射望远镜，其光学装置是从赫歇尔那里获得的。他发现了终止线上一系列的凹陷，此外，他还发现了南角处的形状变得圆钝，就好像被削平了一样，而在黑暗的区域中，还注意到一点微小的阳光在颤动。

他推断这种颤动的现象证明了这个位置上存在一座高达40千米的巨大山峰，并且他一直相信这个推断，即使是在赫歇尔本人的严厉批评下，他也没有改变主意。赫歇尔曾经责备他：“至于金星上的山峰，我可以大胆地说，除非是比我的眼睛更好得多或者辅助更好的仪器，否则任何眼睛都不可能看到它们。”[5]

施罗特观测到的钝角形状几乎每晚都有重复，因此他确定金星的自转周期略小于地球的自转周期，于1793年得出一个23小时21分钟19秒的数值，后来被“修正”为23小时21分钟7.977秒。这些数值长期被视为权威的参考文献。

因此，施罗特的发现为行星增添了另一个越来越复杂的知识领域，这被不知疲倦的金星观测家和天文学历史学家理

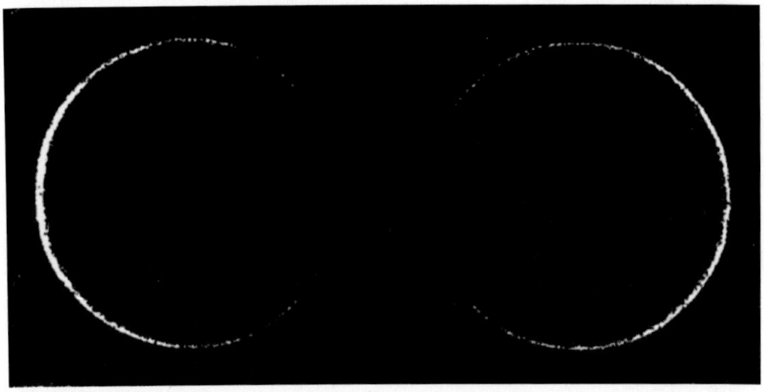

两角的延伸。巴纳德使用利克天文台的30.5厘米折射镜进行日间观测绘制的图画。请注意环状线条外观。

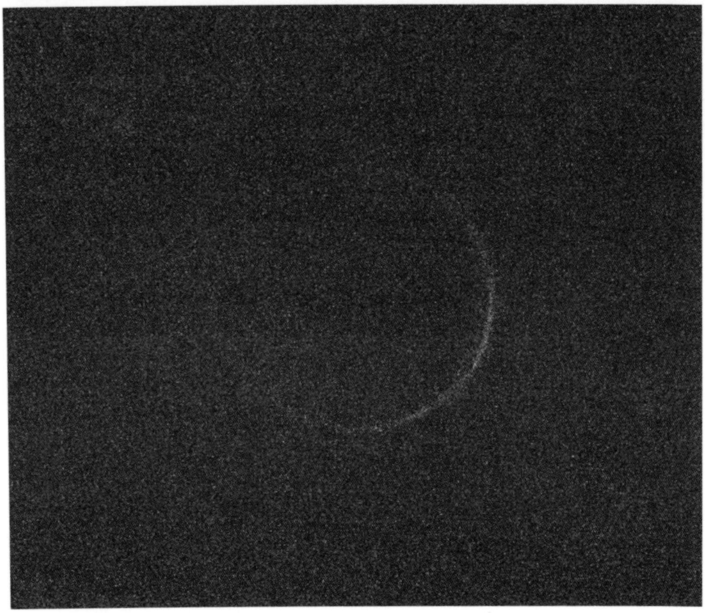

塞巴斯蒂安·沃尔特默（Sebastian Voltmer）2020年6月2日拍摄的CCD图像中，出现了相似的环状线条外观。

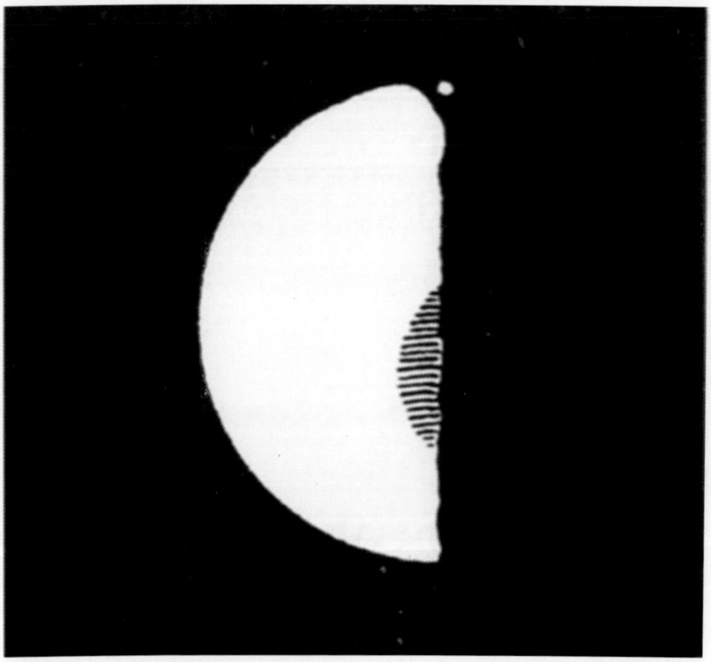

"启蒙山"是根据施罗特1789年12月28日的观察所画草图——原图发表于施罗特的《月球上的碎片》(1791)。

查德·鲍姆称为"金星的喜马拉雅山脉"。在描述这些山脉对施罗特之后几十年的一系列观测员和作家的吸引力时，鲍姆得出结论：

> 然而，一切都不是表面看起来那样。金星的山脉、冰峰、山脊、陨坑、裂缝和峡谷，所有人类已知的地质形态都是虚幻的，就像云地的景象一样。在这些阴影的地方，记忆和想象，而不是岩层，是真相和价值的绝对裁判者。[6]

这些都是人类想象力在有限证据的基础上创造出的宏大前景。这些都是幻觉！

金星的极冠

接下来值得我们关注的金星观测者是格鲁伊图森（Franz von Paula Gruithuisen，1774—1852），慕尼黑乡村医生学校的教师，讲授物理学、化学、人类学和动物学。

1811年拿破仑进军俄国时出现了一颗彗星，激发了他的想象力，格鲁伊图森的真正兴趣一直是天文学。毫无疑问他是一位热心的观测者——第一个月球陨石坑洞撞击理论的提出者——但他的想象力过于活跃。他说他看到了月球城市，可是直至今天我们只能看到一系列粗糙平行的山脊。不过他对金星的研究更胜一筹，他认为金星是可以居住的。他特别关注金星的灰光现象，自1643年以来不时出现这一现象的报道，金星的夜面发出微弱的光，类似"新旧双月争辉"，因为金星没有卫星，因此种现象非常出人意料；现在看来，灰光就是一个有争议的"观测"，完全没必要为此杜撰复杂的假设。格鲁伊图森认为，由于灰光现象曾在1759年和1806年观测到一次，相差47个地球年或76个金星年，也许这种现象是"金星上新国王加冕时居民点燃森林的风俗"。

不过格鲁伊图森至少有一项关于金星的发现具有永恒的

理查德·鲍姆在1956年使用12厘米折射镜记录的金星南极冰帽的不同方面。

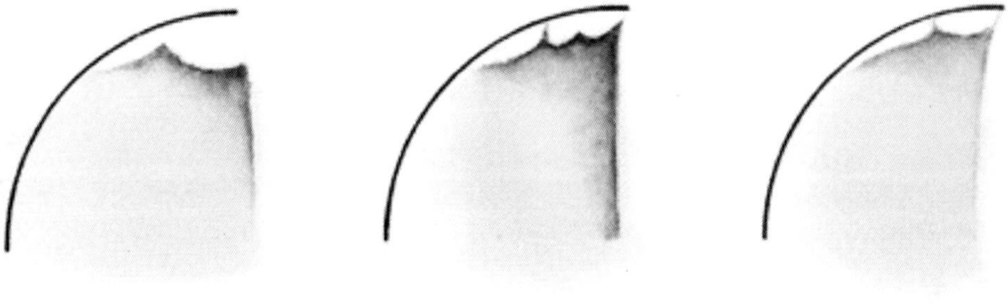

价值。1813年12月29日他用60毫米折射镜在日光下观测新月金星，发现在南方角附近有两个非常小的亮点，北方角附近也有一个亮点。这是对“极罩”的首次观测，此后人们经常看到这种现象，现在我们知道这与行星大气环流产生的旋涡有关。格鲁伊图森继续观测发现，这种亮点有时出现在两极，有时只出现在一个极——与后来的观测结果一致。[8]

金星的日长

从这一系列的观测中，格鲁伊图森能够确定金星轴的倾角不可能超过15°，这比施罗特基于更不确定的迹象发表的10°～40°的结论有所改进。但是，他似乎没有对轮换周期作出独立的估计。直到1841年，施罗特的旧结果才有了竞争，当时罗马学院的耶稣会天文学家维科（Vico）计算出一个新的数值：23小时21分22秒，只比施罗特1793年的数值长了3秒。

维科和他的6名助手，总共7名观测员，能够追踪一条“被山峰环绕的峡谷，就像一座月球坑”，出现在残月的北

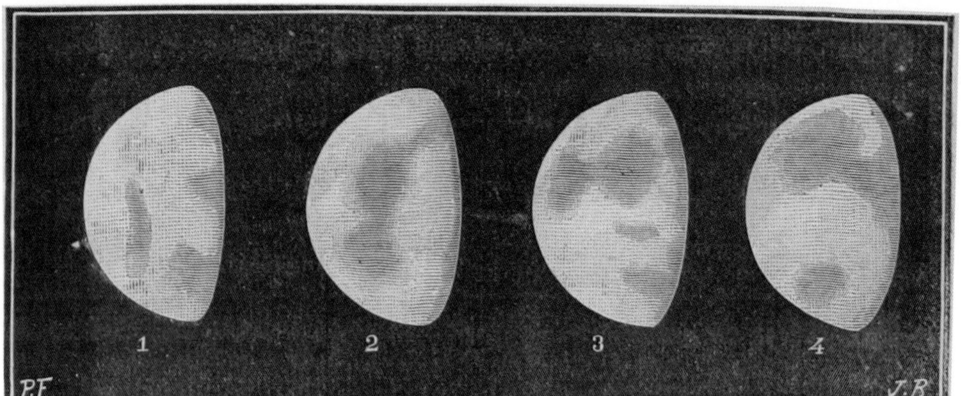

1839年，维科根据自己观测金星的记录，和同事们推断出金星的自转周期为23小时21分21.9345秒。

“金星的喜马拉雅山”，从施罗特对“启蒙山”的观测到19世纪末一直困扰着人们。

方角附近，最初是一个长方形的黑点；之后，黑点被一个明亮的领子环绕，最后形成了两个明亮的突起之间的黑色凹口。随后，显然是不想被施罗特在虚幻的精度上打败，维科将他的周期修正为23小时21分21.9345秒。后来，希腊裔法国天文学家欧仁·米歇尔·安东尼亚迪（Eugène Michel Antoniadi）写道：“科学家们从未像现在这样自由地沉迷于幻象。”[9]巴纳尔（E. E. Barnard）随后也发表了类似的恶言。他写道，这个周期“是从几天前的绘图中得出的，小数点后面有十分之一万秒……应该足够令人信服了，因为时间的更小细分将是一种无法感知的量，决定行星日的持续时间时不应该太过在意这种微小的细节”。[10]

随后观测者们相继证实和完善彼此的观点，这成为研究金星的一个反复出现的主题，特别是考虑到它的标记的难以捉摸和缺乏可以从一次观测可靠地识别到下一次观测的任何清晰的参考点。对于一些难以捉摸的东西给出十分之一万秒的结果，必须算是科学史上最自大的努力之一。这说明了我们惊人的能力，能够看到我们期望看到的东西，同时也可能说明了我们顽固地将金星视为类似于地球并且可能被类似或不同于我们自己的生物所居住的倾向。

斯基亚帕雷利的新航迹推算起点

在这个膨胀的幻象海洋中，米兰布雷拉天文台的台长乔瓦尼·维尔吉尼奥·斯基亚帕雷利（Giovanni Virginio Schiaparelli）于1878年投下了一颗震撼弹（同年他宣布发现了火星的“运河”）。在1877年12月，他用天文台的22厘米折射望远镜在白天观测金星时，发现了在金星两个角上的弥散的亮斑——毫无疑问是格鲁伊图森所看到的现象，尽管斯基亚帕雷利显然不知道慕尼黑天文学家的观测结果。

发现这些亮斑相对于晨昏线位置不变之后，斯基亚帕雷利得出结论，金星的自转周期非常缓慢，长达9个月，而且可能等于行星的一年，即225天。如果他像之前的观测者一样只在黄昏时观测，他可能会得出自转周期与地球相同的结论；但由于他在白天观测了这颗行星，他能够在几个小时内跟踪其发展，并没有注意到任何变化。因此，斯基亚帕雷利得出结论，金星始终将同一面朝向太阳，另一面背向太阳，就像月球背向地球一样。这可能是由于潮汐摩擦的结果。如果金星的形状沿一个轴略微呈椭圆形，太阳潮汐将减缓并最终停止其自转，使其长轴指向太阳。水星，离太阳更近，更受太阳潮汐影响，似乎也代表了类似的情况，斯基亚帕雷利几年后宣布了这一结果。[11]

不可避免地，几位天文学家争相确认这一最新的结果。没有人比珀西瓦尔·洛厄尔（Percival Lowell）更具挑衅性了，他是一位富有的波士顿商人，成为远东旅行者，然后成为全职天文学家，他被斯基亚帕雷利在火星上发现的“运河”所吸引，在亚利桑那州的弗拉格斯塔夫建立了自己的天文台，以调查火星上存在智慧生命的可能性。

1894年，他曾用借来的望远镜观测火星，但在1896年7月，他安装了一个永久性的望远镜——一个61厘米克拉克折射望远镜，在弗拉格斯塔夫对水星和金星进行了短暂的测试后，它被运往墨西哥的塔库巴亚（国家天文台附近的一个地点），为那年火星的冬季冲日寻找更好的观测条件。在等待火星冲日的同时，对水星和金星的观测仍在继续，洛厄尔宣布了惊人的结果。与之前和之后的大多数天文学家看到的模糊和朦胧的阴影不同，他报告的标记比至少自比安基尼时代以来看到的都更明确，他将这些标记描述为截然不同，就对比而言，像月亮上的标记一样突出，而且由于它们的特性，更容易画出来；至于轮廓，每个都很清晰，它们的边缘很明显，表面有着很好的区分度，有些则暗得多。与其说是点，不如说是线。大量的线像辐条一样从某一中心向外辐射。[12]

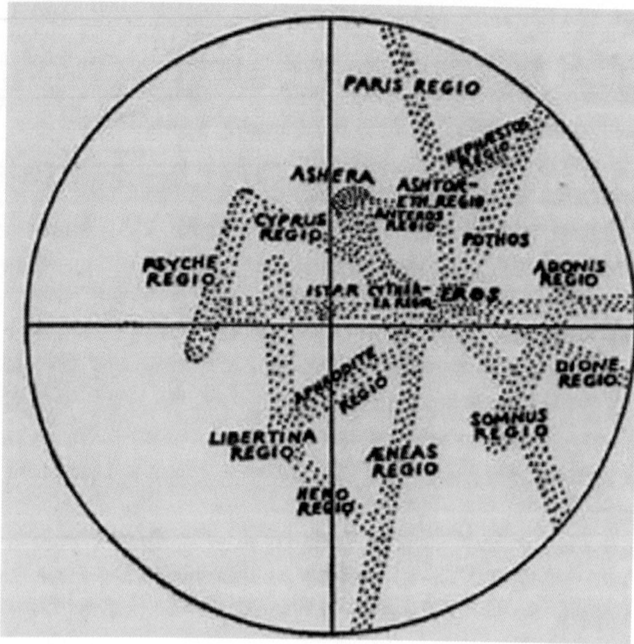

洛厄尔绘制的金星地图，1896—1897年。

洛厄尔把它们看作是金星表面透过大气层的透明面纱看到的真实特征。他还忍不住画了一张地图，在地图上赋予了神话中的浪漫名字“厄洛斯”“阿多尼斯地区”“埃涅阿斯地区”等。如果这是真的，就明确地证明了225天的自转周期，也推翻了金星被大气云层笼罩的整个想法。

天文学界对此持坚决的怀疑态度。法国天文学家卡米尔·弗拉马利翁宣称，洛厄尔的结果“完全与以前的所有结果不同”，而后者的助手安东尼亚迪则尖锐地写道：“忘记了金星体面地穿着密集的大气外套，［洛厄尔］用时髦的运河网络覆盖了‘倒霉’行星的所谓‘表面’，将其分成了笨重的甜瓜片。”[13]

洛厄尔的金星斑纹几乎没有支持者。他的传记作者威廉·格雷夫斯·霍伊特（William Graves Hoyt）写道：

洛厄尔在1914年10月17日使用洛厄尔天文台的61厘米折射镜在白天观测金星的标志性图像。虽然折射镜令人印象很深刻，但由于白天的“视场”不佳，为了获得最佳的金星视野，经常需要缩小光圈。洛厄尔通常会将光圈减小到7～10厘米，甚至更小，以观测金星。

“尽管洛厄尔声称其他观测者已经看到过火星的运河，但没有其他天文学家，事实上也从未有人看到过他所描述的‘异常清晰的特征’。甚至有人认为，洛厄尔所绘制的并不是金星上的斑纹，而是他自己视网膜上血管的阴影。”[15]

批评似乎对洛厄尔产生了巨大的影响，他从墨西哥回来后，因神经衰竭而崩溃。在接下来的四年里，他退出了天文学研究，直到1901年他的身体状况恢复到足以恢复工作的程度。他的首要任务是驳斥他关于金星工作的严厉批评，以及确立他的观测似乎暗示的225天自转周期。他获得了一台分光仪和一名助手维斯托·斯利弗（Vesto M. Slipher）来操作它，在1903年，斯利弗已经找到了支持金星缓慢自转的证据，尽管不一定是洛厄尔所声称的225天自转。斯利弗后来将这个仪器用于更重要的观测，包括观测显示星云的大幅移位——这是导致宇宙膨胀发现的基础观测，也是洛厄尔天文台所做的最重要的发现。

洛厄尔继续记录金星上的斑纹，直到1916年去世，尽管他后期的绘画缺乏早期的大胆和图解质量。甚至显然代表的不是同一组斑纹。在后期的出版物中，他强调它们的难以捉摸而不是它们的显著性，现在声称它们是“模糊的、不明确的和不均匀的”。[16] 换句话说，它们逐渐地变得类似于其他天文学家看到的通常斑纹。

当然，洛厄尔并不是唯一对金星感兴趣的天文学家，其他人也获得了有趣的结果。在爱尔兰利斯本，一位鲜为人知的业余天文爱好者约翰·麦克哈格（John McHarg）描述了有条纹的标记，尽管外表完全不像洛厄尔的样子。在1907年12月—1908年1月期间，麦克哈格使用口径为10厘米和12厘米的折射镜记录了星盘面上的四组斑块，并得出了不大于23小时28分的短自转周期。

他甚至制作了一个星盘，在1908年的《天文杂志》上发表。[17] 他记录的是真实的标记吗？我们无法确定，但至少这里有一些看起来相当现代的东西。事实上，关于麦克哈格制作的金星赤道区域星图和“先驱者号”的图像，我们将很快更多地谈论这些内容。

若要将金星过往所有目视观测记录，以及由此产生的各类自转周期理论（主要分为施罗特提出的24小时周期说与斯基亚帕雷利、洛厄尔主张的225天周期说两类）——悉

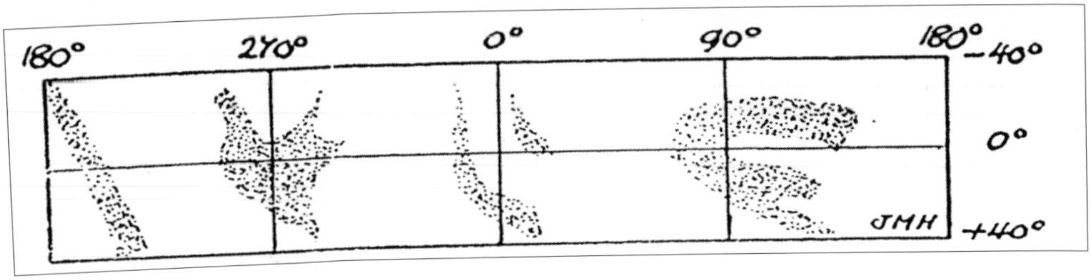

由爱尔兰利斯本的麦克哈格绘制的金星赤道区域星图。这些标记是从1907年12月和1908年1月的视觉观测中记录下来的，与“先驱者号”和其他航天器的紫外线图像非常相似，尤其是任意位于经度90° 的C形特征。

数列举，冗长且无实质意义。不妨以1919年4月23日弗兰克・E・西格雷夫的观测为例：这位天文学家在罗德岛北斯图塔特私人天文台，借助21厘米折射望远镜，于金星行至白昼中天时进行观测。他获得了绝佳视野，并宣称这是自己40至45年观测生涯中前所未见的清晰成像。

> 行星保持完全稳定和清晰的状态长达10分钟，我非常确定我可以看到中央盘面附近类似辐条状的标记的微弱痕迹。这些标记非常类似已故的佩西瓦尔・洛厄尔博士多年前看到并描述的标记。[18]

虽然对金星的视觉观测仍在进行中，但它们的价值有限。随着天文学家开始在人眼看不见的光谱区域，即短波紫外线（＜380纳米）和长波红外线（＞700纳米）中仔细研究金星的标记，真正的突破开始出现，两者在20世纪20年代中期左右成为调查者可接近的区域。

行星的温度

需要解释的是，关于在夜空中明亮闪耀的行星的第一件事情——我们往往会忘记这一点——就是我们看到的实际上是反射的阳光。我们看到的光属于可见光谱（380～700

纳米），如果在光谱仪中分析，由于大气中的化合物吸收，某些波长可能会缺失，因此可以识别这些化合物的身份。在可见范围的红端之外开始的光谱中，有近红外波长（700～2500纳米）和“热发射”区域（3000～25000纳米），在这些区域中，我们看到的不是云层或行星表面反射的阳光，而是被吸收的阳光，它激发了构成表面或大气层的粒子的动能运动，然后这些动能转换为更长波长的电磁能量并被再次发射出来。这种能量在某些分子的振动中部分被捕获（例如二氧化碳、水蒸气），并有助于温室效应所带来的升温。考虑到地球自身的大气层含有大量的二氧化碳和水蒸气，因此来自行星（例如金星）的红外辐射的一部分将被吸收，但存在“窗口”，其中地球大气层的吸收要么是分散的（2000～5000纳米），要么是最小的（5000～14000纳米，对应于水蒸气的吸收光谱中的间隙）。

近红外波长可以使用硫化铅电池（如后文所述）来探测，而热辐射（“热量”）则已经在19世纪被天文学家使用特殊设备（如辐射热测量仪和热电偶）进行探测。因此，早在19世纪70年代，第四代罗斯伯爵劳伦斯·帕森斯就探测到了月表的热辐射并大致计算出其温度。

由于行星比月球远得多，即使是金星也至少远100倍，因此需要使用比罗斯伯爵的设备更加灵敏的设备才能探测行星表面的热辐射。直到20世纪20年代，华盛顿特区国家标准局辐射学部门的威廉·科布伦茨（William W. Coblenz）才发明出这样的设备。科布伦茨与洛厄尔天文台的卡尔·奥托·兰普兰德（Carl Otto Lampland）合作，将行星图像发出的光和热聚焦到玻璃真空管中的微小热电偶接头上，产生微小电流。所产生的电流被放大并在一个铁壳镀金表中测量。通过插入各种滤光片或一个1厘米厚的水槽，截断某些波长之外的辐射传输，将光谱分解成可见光和红外光成分，从而计算发射表面的温度。在这种情况下，发射表面实际上是金星的上层云层，温度非常低。

使用科布伦茨的热电偶进行测量需要两个人的合作。正如科布伦茨后来回忆的：

> 兰普兰德通常操作望远镜，而我则在一个毗邻反射镜（1.02米）的大圆顶下的小地下室里进行铁壳镀金表读数……对于夜间漫步的偶然访客来说，这听起来很单调，因为我当兰普兰德将热电偶接收器“对准”星星或行星的图像上时，们会发出信号（“开”“开”；“关”“关”），之后我读取铁壳镀金表的偏转量，并在记录测量数据时喊“关”。[19]

1924—1925年每个早晨出现时，人们对金星的研究变得狂热起来。兰普兰德是洛厄尔天文台继维斯托·斯利弗之后资格最老的成员，即使在创始人的死亡后，仍然忠诚于天文台的创始人，他期望一个与太阳同步旋转的行星，正如洛厄尔所写：“一个面已经烘烤了无数年，仍在烘烤，背面则被永夜所覆盖”，其中“从寒冷的一面向炎热的一面的气流将会带来巨大的力量。”[20]然而，一个意外正在等待着他们。

科布伦茨回忆说：

> 当兰普兰德第一次将热偶放置在金星黑暗的未照亮的新月尖角时，由于没有考虑到其中包含的意义，我告

> 诉他："从行星的黑暗部分辐射出了很多热量，并且从两端的尖端辐射的强度是不同的。"他从观测平台上跳了下来，走进放置铁壳镀金表房间，说他认为我一定是错了。我让他自己进行测量，我爬上梯子，对着行星的图像进行热电偶设置，而他读取铁壳镀金表的刻度盘并验证了测量结果。然后他告诉我它可能会影响"P. L.理论"。我钦佩他对洛厄尔的无私和忠诚。

因此，兰普兰德和科布伦茨能够展示出，从金星的昼夜两侧测量的热量几乎相同，对应着云层的温度为-40～-30℃。至于旋转，维斯托·斯里弗（Vesto Slipher）的光谱图表明旋转时间很长，尽管不像斯基亚帕雷利和洛厄尔所主张的那样长达225天。

另一方面，由于光盘的明暗部分温度变化很小，因此它也不能太慢，尽管必须比24小时长。兰普兰德和科布伦茨拒绝提供具体数字。尽管如此，他们的工作是一个明显的进步。一举消除了那个时期发表的大多数旋转周期（它们呈双峰分布，为24小时和225天）。[21]

罗斯的启示

与此同时，20世纪20年代也进行了对金星在光谱短端的研究，即短波紫外线（＜380纳米），使用彩色滤镜通过摄影实现。

1911年，费迪南德·库内西（Ferdinand Quénisset）在巴黎东南18千米处的朱维西天文台拍摄了第一张金星的可见光照片，仅显示出非常少的对比度或细节。最早使用彩色滤镜进行摄影的是赖特（W. H. Wright）在利克天文台进行的1924年的拍摄。然而，真正的先驱是耶基斯天文台的天文学家弗兰克·埃尔莫尔·罗斯（Frank Elmore Ross），他将永远被铭记为发现金星紫外线标记的人，这是对该行星研究做出的最重要贡献之一。

罗斯于1874年出生于旧金山，获得加利福尼亚大学的博士学位，他作为天文学家的职业生涯是从传统的活动开始，如计算木星和土星新发现的卫星的轨道。然而，在1915年，他被纽约罗切斯特的伊士曼柯达公司聘为物理学家，专门从事彩色照片乳剂和滤镜的开发。早期的摄影材料（卤化银乳剂）包括用于天文研究的材料，只对紫外线、紫色、蓝色和绿色敏感。因此，红色物体（例如心宿二和参宿四）在19世纪的照片中显得明显暗淡。

早在19世纪70年代，人们发现向卤化银乳剂中添加少量某些苯胺染料可以增加对染料吸收的颜色的敏感性；例如，叶绿素被发现是红色的良好增感剂。就在第一次世界大战之前，发现这样的染料可以使感光板对700～1000纳米的近红外线敏感，并且在战争期间和战后不久，它们迅速被应用于光谱学和航空摄影中的雾透过测试。

1924年离开伊士曼柯达公司后，罗斯在耶基斯天文台担任天文学家，并在1926—1927年休假去了威尔逊山天文台，使用该台的1.52米和2.52米反射镜获得了经过彩色滤镜处理的火星照片。在1927年6月和7月的最有利的东大距期间，他还使用了天文台的设备拍摄了金星。

罗斯的发现有些偶然。他对金星在紫外线下的外观不是特别感兴趣。相反，他更感兴趣的是金星在红外线下的外观。他知道红外滤镜已经在地面航空摄影中被成功使用，并

弗兰克·埃尔莫尔·罗斯，1925年。

认为他的红外图像最有可能穿透云层，甚至可能显示地表特征。然而，令人惊讶的是，红外图像和可见光下拍摄的图像一样平淡无奇，而蓝紫光和蓝光下的照片显示出非常微弱的细节。取而代之的是，在使用伊士曼柯达公司刚刚发布的新型Wratten 18A滤镜（在300～400纳米处透过，最大处在360～370纳米）拍摄的紫外线下的照片显示出亮云的细节，这些亮云被认为是在极点，并且在赤道和中纬度上呈带状和条纹状，大致垂直于昼夜交界线。

至于它们可能是什么，罗斯得出了初步的结论，他认为它们可能代表“层状卷云薄层结构的变化，这些卷云覆盖在密集的黄色下层大气之上，无疑是由远处产生的剧烈扰动引起的，也许是在地表附近产生的”[22]。这只是一个有根据的

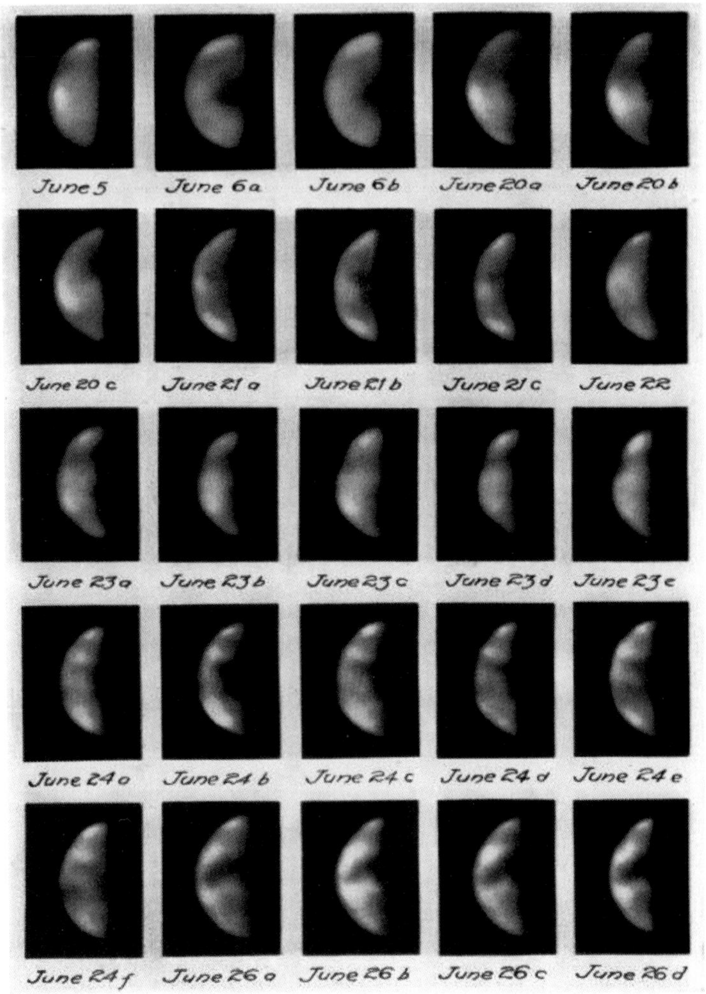

弗兰克·埃尔莫尔·罗斯于1927年6月使用Mt Wilson的1.52米和2.54米反射镜拍摄的紫外线图像。

猜测，即使在今天，紫外线吸收剂的身份仍然是未知的，是构成了该行星最引人入胜的未解之谜之一。至于旋转周期，照片的证言几乎不明确：暗带似乎表示旋转，而且它们似乎在一天之内快速变化。罗斯只能像科布伦茨和兰普兰德一样，出于许多相同的原因，认为旋转周期既不能太短也不能太长，因此他在基于他拥有的数据的基础上达成妥协精神，将旋转周期定为30天。

法国的相关工作

在第二次世界大战期间和之后，法国天文学家无疑是行星研究方面的领导者，用奥都因·多尔弗斯的话来说，这些行星仍然被视为“天文学的弃儿”（很大程度上属于业余爱好者的研究领域）。起初，法国的研究水平似乎令人惊讶；毕竟，法国在1940年战败，并一直被占领到1944年。在这种情况下，我们可以预期科学工作会遭遇搁置；可实际情况恰恰相反。

行星工作的首要地点是皮克·迪米迪（Pic Du Midi）天文台，位于法国比利牛斯山脉的皮克·迪米迪山顶，海拔2 877米。在战争开始时，由于冰雪造成的困难，天文台大穹顶内的30厘米折射望远镜，在冬季很少使用。但由伯纳德·里昂、亨利·卡米谢尔和马塞尔·根蒂利整修之后，获得不少优秀的行星的照片。1943年，一架新的60厘米的折射镜开始投入使用。其焦距长达18.24米（f=30.4），通过使用两个平面镜折叠光束，望远镜可以容纳在一个8米的圆顶内。这些仪器是专门为行星工作而设计的，可以用于近乎完美的观测条件。山顶的天气会迅速变化，垂直于望远镜指向的横风可能是一个问题，因为在圆顶边缘，给出良好视野的水平气流会分解成涡流——根据卡米谢尔多年来对皮克·迪米迪天文台的研究。

但是每个月至少有几个晚上，它的视觉效果是惊人的，这使得60厘米的折射望远镜达到了0.2角秒的理论分辨率。

1946年，天文台迎来了利奥特的博士生奥杜安·多尔菲斯（Audouin Dollfus），他成为20世纪下半叶最多产的行星天文学家之一。1948年—1953年，他用60厘米折射镜

皮克·迪米迪天文台，位于法国比利牛斯山脉的皮克·迪米迪峰顶海拔2877米处，照片摄于2007年11月。

对金星进行了一系列的视觉观测，在这些观测中，他强调了使用比平时更高倍率的价值，指出低倍率往往会产生虚假的细节。在金星上，他发现最好的结果是放大后产生的图像比用肉眼看到的月球表观直径大6倍。对于一个直径为12角秒的圆盘，对应在上合附近被完全照亮的行星，这相当于放大了900倍。多尔菲斯在1955年发表了他的研究成果。他并没有像在任何一次观测那样展示行星，而是将在大致相同的阶段以非常接近的间隔绘制的8到10张图纸转移到透明材料上，然后将它们堆叠起来，从而制作出复合材料。通过这个过程，削弱了高度可变的细节，而更持久不变的部分被凸显出来。多尔菲斯本人当时相信，其观测已经深入多变的上方云层之下，“可能是行星表面或与表面地形有关的云层，具

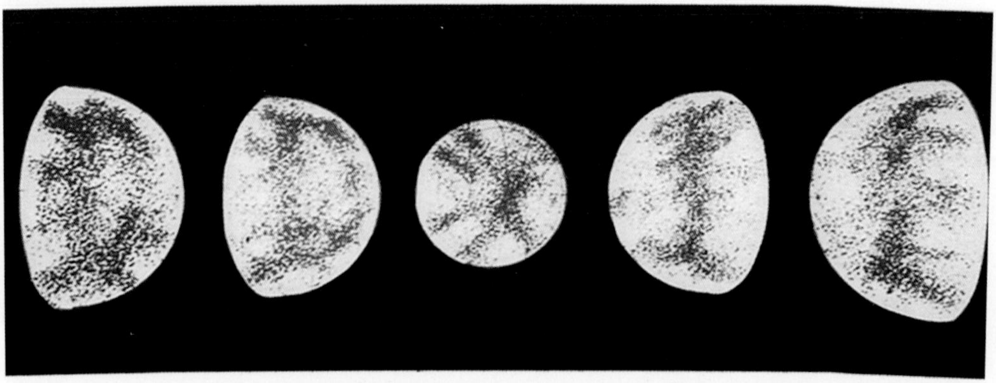

奥杜安·多尔菲斯从皮克·迪米迪天文台制作的金星图像，使用黄色滤镜，每幅图都是几幅图的组合，希望减少大气帷幕的影响，并揭示出表面的永久特征。从左到右，这些图是在1953年8月10日、1953年8月28日、1950年10月7日、1948年2月13日和1948年3月11日制作的。

有一定程度的持久性”。[23]

那表面可能是什么还没有人知道，猜测包括从极点到极点覆盖星球的水洋，撒哈拉式的沙漠或类似于石炭纪时期地球上生长的丛林。多尔菲斯本人没有发表意见。

业余爱好者的时代

法国人在20世纪20年代是最早跟进罗斯在紫外摄影方面取得突破的人。然而，令人惊讶的是，这并不是像多尔菲斯这样的高度训练的专业人士，而是一位业余天文学家查尔斯·波伊尔（Charles Boyer）做到了这一点。

波伊尔1911年出生于图卢兹，受过律师培训，但在早年就成为了一名业余无线电爱好者，并且这个共同的兴趣，成为他与职业天文学家亨利·卡米谢尔之间的终身友谊的基础。在第二次世界大战爆发之前，卡米谢尔成功地引起了波伊尔对天文学的兴趣，战后他们仍保持联系，而波伊尔则开始在法属赤道非洲的司法系统就职，先是在达荷美（现在的贝宁科托努）担任首席法官，然后在1955年—1963年担任布拉柴维尔的法庭主席，布拉柴维尔是法属赤道非洲

（1960年起独立为刚果共和国）的首都。

在赤道以南仅4°的这个位置，行星的位置非常适合在高方位观测。意识到机会来了，波伊尔造了一个25厘米口径的牛顿反射望远镜。这面镜子的光学性能非常好——它是由法国著名光学师让·特塞罗制作的——但它安装在一个相当原始的高方位支架上，因此不适合拍摄需要持续曝光几秒钟的行星照片。但足智多谋的波伊尔用一台托卡马克装置的零件拼凑了一个装置，使他的相机以适当的速度在望远镜的焦平面上移动。波伊尔请卡米谢尔给观测项目提提建议。碰巧卡米谢尔当时正在皮克山拍摄紫外线波段的金星，他建议他的朋友也试一试。

1957年8月和9月，当布拉柴维尔的空气异常干燥时，波伊尔开始拍摄金星的照片，当时金星正处于夜空中。他使用了柯达微型胶卷，匹配一种对比度高、粒度细的感光乳剂，以今天的标准来看，它的速度慢得令人脑壳疼。由于没有合适的紫外线滤光片，他只好用透射波长小于450纳米的蓝紫色34号滤光片。这些图像很小，其貌不扬，但他能够每隔大约4天就探测到相同的暗区回到终点。8月28日—9月16日5次回归，波伊尔提醒卡米谢尔注意他的发现，在检查自己的图像时，卡米谢尔也发现了自转4天的证据。波伊尔在布拉柴维尔的观察活动一直持续到1960年。到那时，他和卡米谢尔已经倾向于认为金星上层大气的4天自转速率是“完全无可争议的”。

早在1957年，波伊尔就预先向法兰西科学院提交了一封密信，描述了他的发现。他的发现所依据的微小图像很模糊，并不是每个人都能看到这种图案。多尔弗斯在1992年接受其中一位作者的采访时说：“我仔细检查了这些照片。在我看来，他们当时并没有完全令人信服。”但在卡米谢尔的不懈支持下，波伊尔坚持了下来。4天的自转成为了他的理念，事实上，在1989年去世之前，他没有做过其他重要的天文学工作。1960年，他与卡米谢尔共同撰写的第一篇论文发表在流行杂志《天文学》（*L'Astronomie*）上，随后在著名杂志《天文学与天体物理学年鉴》（*Annales d'Astrophysique*）和《法国科学院学报》（*Comptes Rendus de L'Académie des Sciences*）上发表了论文。他们并没能引起太多注意。

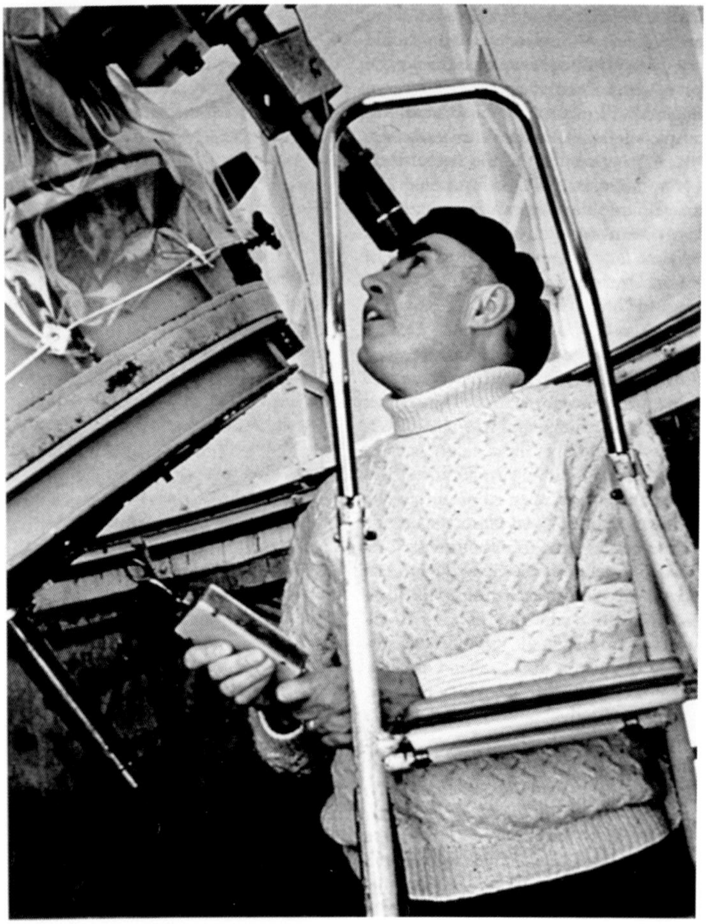

查尔斯·波伊尔在比利牛斯山顶天文台的1.1米卡塞格林望远镜上进行观测。他是一位业余天文学家，他做出了最重要的发现之一：金星上层大气层的四天自转周期。

与此同时，1962年，射电天文学家向金星固体表面发射雷达脉冲，发现了一些完全意想不到的东西：金星绕着其自转轴自东向西逆向自转，周期为243天。这一发现似乎与行星上层大气4天的自转速率完全不符。金星云顶的旋转速度怎么会是其下表面的60倍呢？雷达结果公布后不久，波伊尔和卡米谢尔向国际领先的行星科学杂志《伊卡洛斯》（*Icarus*）提交了一篇关于4天自转速率的论文。当时，哈佛大学血气方刚的年轻天文学家卡尔·萨根（Carl Sagan）作为研究金星大气层的权威人士而声名大噪。他拒绝认可这份期刊，理由是4天的自转速率“在理论上是不可能的”，并表明“没有经验的业余爱好者的工作是多么愚蠢”。

同年，多尔菲斯和他的同事让·罗奇（Jean Rosch）和让-克劳德·佩克（Jean-Claude Pecker）说服国际天文联合会（IAU）组织了一个金星紫外线摄影项目，由在世界不同经度的几个站点参与，包括新墨西哥州立大学和加利福尼亚州的桌山。波伊尔在1963年退休并从非洲返回后，也参与了这个项目，并经常与他在皮克·迪米迪山工作的专业同事并肩工作。1963年，他和皮埃尔·格林（Pierre Guérin）成功地在美国航空航天局（NASA）资助下，利用安装在皮克·迪米迪山上的1.1米卡塞格林反射望远镜获得了数十张金星的紫外线照片。他们能够连续跟踪紫外线标记的运动，持续时间长达6个小时。

这些观测结果显示，在黎明时分，接近晨昏线附近的风速约为83米/秒。随着标记接近日面子午线，它们的漂移加速，到中午后达到了122米/秒的速度。他们还制作了一个平面球，现在广为人知的“Y”形和“中”形标记被突出显示。它至少在某种程度上类似于约翰·麦克哈格于1908年

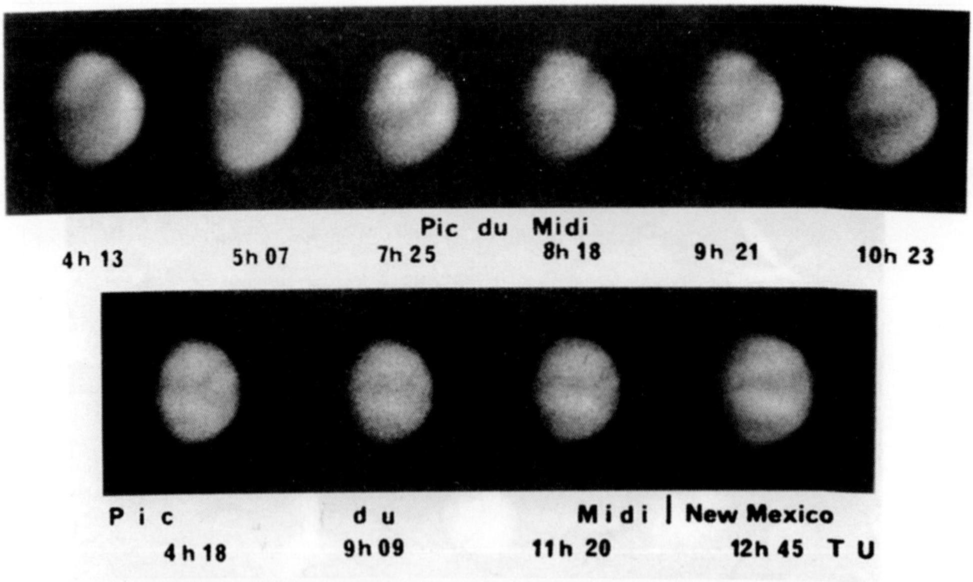

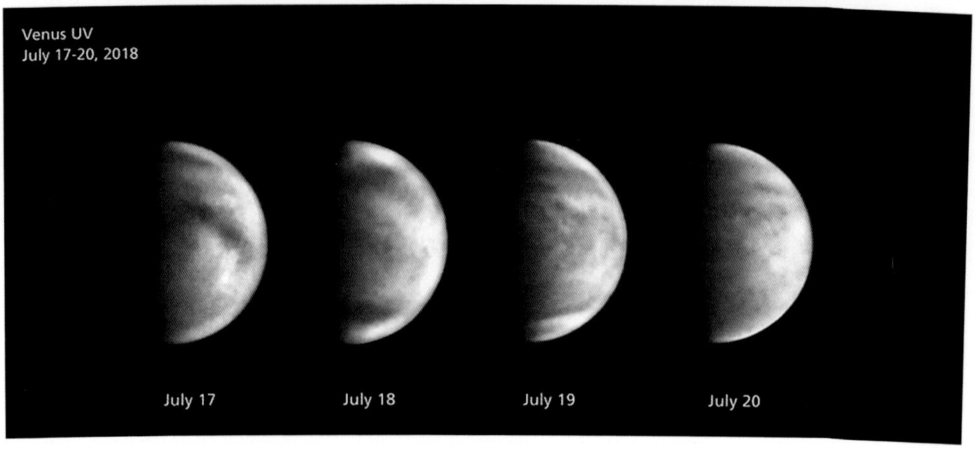

基于视觉观测所制作的星图。

证实

1964年，另一位法国天文学家伯纳德·吉诺（Bernard Guinot）采用了一种被称为干涉光谱的灵敏技术，测定了金星边缘上各点的径向速度。他发现了上层大气确实以4.3天使用1.1米的卡塞格林望远镜在皮克·迪米迪地区由夏尔·布瓦耶（Charles Boyer）拍摄的金星紫外线序列图像显示出由于大气环流导致云层中紫外线标记的移动。上部序列涵盖了1966年7月9日6小时的时间间隔，下部涵盖了1966年7月25日8小时30分钟的时间间隔。最后一张图像来自史密斯（新墨西哥州）。

塞巴斯蒂安·福尔特默（Sebastian Voltmer）在纳米比亚甘斯贝格IAs天文台使用31.75厘米牛顿望远镜于2018年7月17日、18日、19日和20日拍摄的最新的金星紫外线图像。

为周期循环的证据，尽管这是1974年2月“水手10号”宇宙飞船与金星相遇时拍摄的这张等待已久的紫外线图像的最终、无可辩驳的证据。当这些图像组合成一个视频序列时，高层大气4天的逆行旋转速率得到了戏剧性的证实。多尔菲斯后来回忆说，当他给波伊尔看了这段视频的拷贝时，后者的反应波澜不惊；因为他已经知道这个结果，所以丝毫没有惊讶。

那么，波伊尔是如何解决行星天文学中最古老、最持久的谜团之一的呢？这个谜团可以追溯到路易十四统治时期的老卡西尼在巴黎天文台时，几代天文学家的最大努力都失败了。

多尔菲斯后来解释说，波伊尔的目的非常明确，他的观测计划有条不紊，而且在一个有利的气候条件下使用了一台非常好的望远镜。但这并不能完全解释他的成就，因为30年前罗斯使用了更强大的仪器，记录了更多的细节。讽刺的是，在这一点上，波伊尔明显的缺陷反而成为了他的优势。

分辨率的缺失有助于使发生的事情的真实图像更清晰。在使用更大仪器（例如罗斯和我们在皮克·迪米迪的仪器）拍摄的金星图像上，细节太多，纹理的丰富性使事情变得混乱，只见树木，不见森林。

最终，法官波伊尔明智地利用了他手头相对匮乏的材料。还有另一个优势，多尔菲斯指出：“作为业余爱好者，他拥有更多的自由，因为他没有像专业人士那样受到同样严格的标准的约束。”[25]

三个世纪的密集研究产生的遗产出奇地贫瘠。当一个执着而专一的业余爱好者在地面行星天文学中作出最后的基本发现之一时，这个领域原本几乎被放弃了。波伊尔最亲密

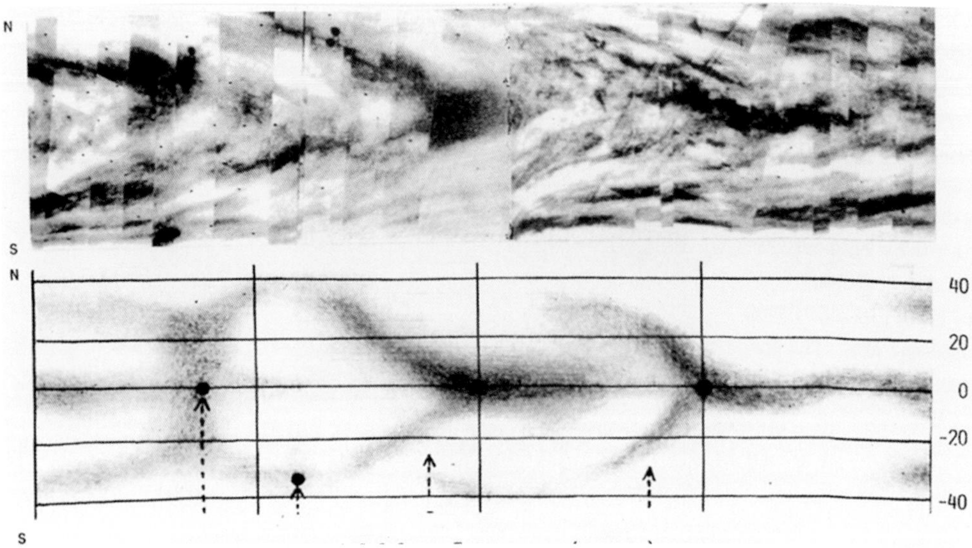

的朋友之一，著名的罗马尼亚行星摄影师让·德拉吉斯科（Jean Dragesco）总结了这一事件："这在行星科学史上是独一无二的案例。"[26]

有了金星自转的明确结果，天文学家终于告别了由乔瓦尼·多梅尼科·卡西尼（Giovanni Domenico Cassini）于1666年—1667年拉开的漫长而令人沮丧的序幕。事实证明，人类的眼睛不足以解开这个神秘世界的谜团。现在，随着波伊尔的发现，就在雷达和宇宙飞船时代到来之前，对金星研究以一种全新而疯狂的速度展开。

金星上的紫外线云层特征。来自水手10号探测器。

第五章 追逐光谱

在所有对自然原因的研究中，光尤其能够让观察者感到愉悦。

——列奥纳多·达·芬奇（Leonardo da Vinci），《手稿集》

经过几个世纪的僵局，甚至连金星的自转周期都难以捉摸，而到20世纪50年代末，金星俨然成为一个富有成果的科学研究对象。虽然射电天文学和航天器研究将彻底改变对金星的探索，但摄影和光谱学，这两项在19世纪中期首次引入天文学的技术，仍然很重要。特别是光谱学，对于解决金星是否有水或氧气的问题至关重要，也正因如此，其他星球上的生命是否可能存在这个问题，格外让人类着迷。虽然前面的章节中一再提到对金星的光谱研究，但更详细地讨论这一点似乎仍是有用的。

从某种意义上说，光谱学的历史始于艾萨克·牛顿在1666—1667年用棱镜进行的实验，他在实验中证明了白光是由彩虹的所有颜色组成的。一个多世纪后，威廉·赫歇尔（Willianm Herschel）在1800年发现了光谱中的红外（热）部分，约翰·里特（Johawn Ritter）在1801年发现了紫外线，这是向前迈出的另一步。然而，光谱学作为天文学研究的主要工具的重大突破要归功于19世纪20年代早期巴伐利亚望远镜制造商约瑟夫·冯·夫琅和费（Joseph von

Fraunhofer）。在试验不同种类玻璃的色散特性或折射率以获得更完美的消色差透镜时，夫琅和费发明了现代分光镜。1822年，他用它偶然发现了太阳光谱中被称为夫琅和费谱线的一系列暗线。除了使用棱镜来分散光线外，他还插入了一条狭缝来缩小光源，以使光谱线变细。后来，夫琅和费用衍射光栅代替了棱镜，从而引入了现代分光镜和摄谱仪中普遍使用的系统（后者使用照相板代替眼睛作为探测器）。

在发现太阳光谱中的夫琅和费线后的一年内，夫琅和费将光谱仪对准了金星，并在其光谱中检测到了类似但较弱的线。[1] 上述这两种情况下，他只对不同种类玻璃的色散特性或折射率进行验证，并没有对它们进行深入的研究。但是，他确实注意到，无论如何改变仪器的布置，这些线都看起来很相似，因此得出结论，它们不可能是人为的，也就是说，不是由于仪器或实验设计中的缺陷造成的，而是太阳光的固有属性。此外，金星光谱中看到的与太阳光谱中相同的线条的较弱版本导致他得出结论，金星谱中线的来源是行星大气层中云层反射的阳光，而非行星表面。

从夫琅和费的开创性开始，又过了三十年，光谱学才成熟为一门有用的科学分支。19世纪30年代，法国实证主义哲学家奥古斯特·孔德（Auguste Comte）甚至断言，有些事情无论如何都无法确定，其中包括天体的化学成分。这是历史上最错误的预测之一，因为在几年之内，德国化学家罗伯特·本生（将材料加热到白炽状态的燃烧器的发明者）与物理学家古斯塔夫·基尔霍夫合作建立了光谱学的基本定律，通常被称为基尔霍夫定律。第一定律指出，在高压下的气体球体，如太阳，会产生连续的光谱或彩虹。第二定律认为，当像钠这样的物质被加热到白炽时，光谱中会出现亮线（发射线）。根据第三定律，当在冷气体后面观察连续光谱的光源时，光谱中会产生暗线（吸收线）。基尔霍夫断言，这些暗线与发射产生的明线是一样的，因此是由同一种元素产生的。太阳光谱中的夫琅和费谱线原来是太阳明亮表面的光球穿过温度较低的太阳大气中的气体时产生的吸收谱线。因此，确实有可能——与孔德之说相反——识别出太阳或任何恒星中的一些元素。

光谱学的基本定律于1859年发表，天文学家立即看到将光谱仪应用于探明天体化学组成的可能性。已知有大气层的金星似乎是一个特别有前途的目标。太阳光的入射光束深入大气层，但只有一小部分散射光被反向投射到观测者，无论是来还是去，太阳光都会通过大气层两次。因此，通常的吸收线应该会被任何存在的成分有效地增强两倍。起初，无大气层的月球的光谱被用作比较对象。早期的光谱学家，包括英国的威廉・哈金斯（William Huggins）、法国的朱尔・让森（Jules Janssen）和德国的赫尔曼・弗格尔（Hermann Vogel），报告了金星光谱线相对于月球的光谱线增强，由于水蒸气和氧气，但并没有认识到光线经过地球大气层到达光谱仪。

然而，观测是困难的。那时，摄影技术还非常原始，只有银版摄影和卡罗泰普摄影法，无法应用于天文学，因此必须通过目视来观测光谱。这意味着要记住月球光谱中线的强度，以便与金星光谱中的线进行比较。另一个复杂因素是，除了经过金星的大气层外，光线还必须穿过地球的大气层。因此，无法避免通过地球自身的氧气和水蒸气在太阳光谱上叠加的吸收线或带的污染效应，这些被称为地球线。然而早

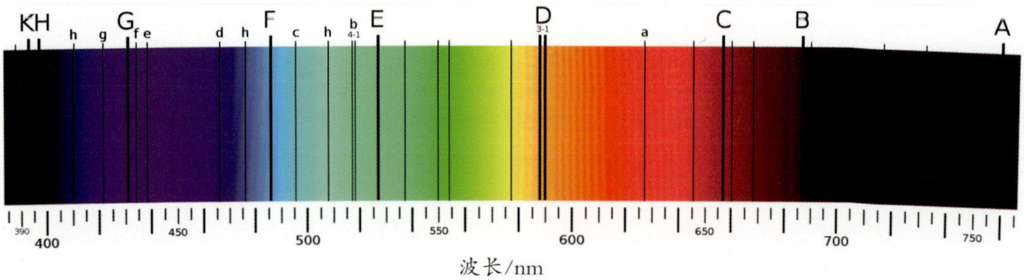

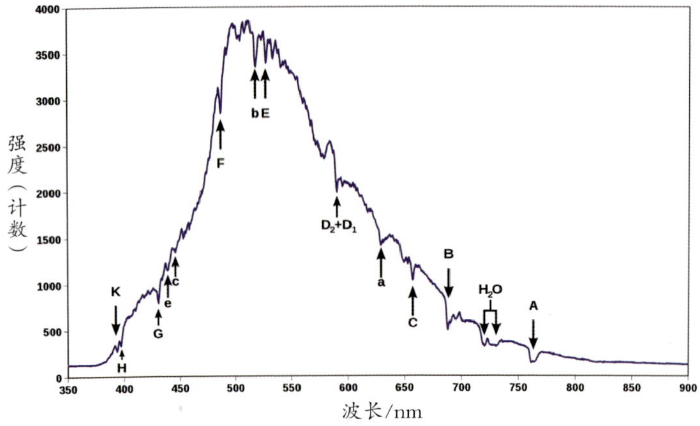

太阳光谱，显示了最重要的夫琅和费线

350～900纳米可见光谱的强度，下降处对应于夫琅和费发现的暗（吸收）线，被标以H、K、G、e、c、F行装，低于400纳米的光谱因地球的大气层中的臭氧而大量衰减，大于700纳米的光谱大量衰减是由于地球大气层中的水蒸气（图中两个箭头处指示H_2O）

期光谱学家中的许多人仍然得出结论，金星和火星的大气层显示了这些化合物存在的证据，这可能在很大程度上是主观的，并证实了人类强烈的倾向，认为这些其他世界与地球类似。但实际上，因为金星上水蒸气和氧气的数量实际上非常少，因此如今做复盘可以发现，他们无法通过19世纪的仪器和技术，将观测结果从地球大气层的贡献中区分开来。

天文学家们并不天真，他们非常清楚自己面对的是什么。为了消除大气吸收谱线的污染效应做出最勇敢的尝试是让森，一位19世纪真正杰出的人物。他生长在一个有教养的家庭，父亲是一位著名的单簧管演奏家，母亲是一位著名建筑师的女儿，他们似乎相当富裕。8岁时，一次由于保姆的疏忽引起的事故使他永久性瘫痪，于是他的父母完全在家教育他。起初，他与父亲一起学习音乐。不幸的是，当他16岁时，他的父母破产了，让森不得不开始工作谋生。在1840年—1848年期间，他在一家银行工作，并在25岁时取得了学士学位。然后，他进入巴黎大学获得教学许可证，并开始担任代课教师。他渴望更令人兴奋的东西，于是30岁出头的时候转向了科学。他发表的第一篇科学论文是关于人眼对热辐射吸收的研究，在论文中，他证明了眼睛的光学介质的透明度几乎完全是为了视觉辐射，对视网膜没有有害影响。[2] 由于这一对眼科学的重要贡献，他在1860年获得了理学博士学位。这项工作预示着他职业生涯的主题，即天文光谱学。他是最早意识到基尔霍夫定律带来的令人振奋的可能性之一的人。

他从不让自己的残疾妨碍他的高山探险（通常乘坐轿子）、气球升空或环球科学旅行。在19世纪60年代，他在阿尔卑斯山的高处仔细研究了地球大气对太阳光谱不同部分的吸收。他的结论具有持久的重要性：大多数所谓的大气吸收谱线是由水蒸气产生的。1867年5月，他毅然决然地带着分光镜登上了位于西西里岛3280米高的埃特纳火山的顶峰。这次探险并非没有危险，因为从1865年的最后一次喷发到1868年的下一次喷发，这座仍然活跃的火山一直在闷烧。根据这些观测，他宣布在火星和土星的大气中发现了水蒸气（金星似乎还没有被观测到），这个结果可能被认为有点耸人听闻。然而，让森本人并不感到非常惊讶，他宣称："有充分的理由认为，生命不是我们这个行星大家庭的妹妹——小小地球所独有的特权。"[3]

然而，尽管有这些行星观测，让森的主要研究兴趣始终是太阳。1868年8月18日，他在马德拉斯邦（现位于安得拉邦）的贡图尔观测到所谓的印度大日食，他注意到太阳内部大气——色球层中的氢线，根据基尔霍夫第二定律，这表明色球层一定是气态的。此外，这些线条非常明亮，他认为在白天应该可以观察到它们，第二天发现确实如此。他还发现，通过对分光镜的适当管理，他可以研究日珥的形式和结构，几乎和日食一样好。就在这里他独立于英国天文学家J. 诺曼·洛克耶爵士，在太阳光谱中发现了一条明亮的黄线（587.5nm），与地球上任何已知元素的光谱都不对应。后来人们发现它是由一种新的元素——氦——引起的。

下一次在欧洲部分地区可见的日食将于1870年12月22日发生。不幸的是，这正值普鲁士军队包围巴黎期间。为了不错过日食，让森设计了一个大胆的逃生计划，乘热气球逃离城市，携带三台望远镜和其他设备一直飞到了英吉利海峡海岸。下降后，他继续以更常规的方式前往阿尔及利亚的奥兰。不幸的是，观测期间太阳被云层遮挡了。

甚至在日食过去之前，天文学家们就在匆忙地为一个比日全食更罕见的天文事件制订计划。这是1874年12月9日的金星凌日。自从在夏佩和库克时代以来，金星还是第一次从太阳的边缘经过，这颗行星将再次穿过太阳的表面。所有的欧洲大国以及美国都计划了多次资金充足的探险。在格林尼治皇家天文学家乔治·比德尔·艾里（George Biddell Airy）的指导下，当时正处于帝国统治鼎盛时期的英国率先组织了对埃及、桑威奇（夏威夷）群岛、西印度洋的罗德里格斯岛和印度洋南部遥远的克尔盖伦岛（库克船长将其命名为“荒凉岛”）的探险。另一支由林赛勋爵（詹姆斯·卢多维奇·林赛，不久后成为克劳福德和巴尔卡雷斯伯爵）私人资助的英国探险队前往毛里求斯。法国人计划到北京、东京、留尼汪岛、圣保罗岛、坎贝尔岛、努美阿（新喀里多尼亚）和檀香山探险。在发现留尼汪岛被荷兰人占领，火奴鲁鲁被英国人占领后，法国人转而把精力集中在圣保罗岛、坎贝尔岛和努美阿岛上。德国人派考察队到凯尔盖伦岛和毛里求斯，美国人派考察队到长崎和海参崴。[4]

环球旅行的天文学家

和18世纪的凌日一样，1874年凌日的主要兴趣点还是在于进行观测，以确定天文单位的精确值。目标是一样的，测量地球表面各点接触的基本技术基本上没有改变。但自18世纪凌日以来，运输工具和观测工具已经发生了翻天覆地的变化。摄影术被引入，包括铁路和蒸汽动力船在内的各种交通工具，使人们可以轻松地到地球上遥远的地方旅行。

当然，天文学家很清楚，“黑滴”是如何在关键时刻出现的，破坏了18世纪凌日测量的准确性，而它的确切原因尚不完全清楚。为了消除这种影响，他们建造了凌日模拟器来练习观察人工凌日。其中一种是由巴黎天文台的查尔斯·沃尔夫使用的，他在卢森堡宫图书馆的窗户上安装了一系列的灯和屏幕，可以通过附近天文台的望远镜观察到。他们还意识到明显的主观效应，即观察者在测量现象（如在望远镜视场中，一颗恒星穿过一根测量线）时，会持续地、系统地产生零点几秒的计时差异——这就是所谓的“个人误差”。

毫无疑问，练习会让你变得更好，但它永远不会让你变得完美。但是，如果有一种方法可以通过获得客观公正的记录，在事件结束后很长一段时间内进行研究和衡量，从而完全消除“眼镜个体差异”的变幻莫测呢？在包括让森在内的许多天文学家看来，摄影提供了这样一种可能性。让森曾经用一种优雅的措辞说过：“我毫不犹豫地说，照相底片不久将成为科学家真正的视网膜。”[5]对于即将到来的凌日现象，他相信，通过在照相底片上记录下金星对着太阳的轮廓，以后就可以仔细地测量它的位置。如果可以在接触点快速连续地获得几乎连续的一系列图像呢？让森被天文学家埃尔韦·费伊誉为“公认的转瞬即逝专家”，他进行了一次头脑风暴。设计出一种机械结构达成上述目标。它被称为左轮摄影手枪，或者通常简称为“让森手枪”，由两个有槽的圆盘组成，一个大的旋转圆盘有12个槽，一个小的固定圆盘只有一个槽。后者形成了一个窗口，只允许一小部分太阳图像进入照相板。较大的圆盘通过模仿柯尔特左轮手枪的齿轮机构迅速推进。虽然最初的设计只是为了捕捉行星和太阳之间的“偶然时刻”，但左轮摄影手枪具有更广泛的意义;它预演（并可能影响）了路易斯·让和奥古斯特·玛丽·卢米埃尔兄弟发明的电影制作过程。事实上，让森本人后来“主演”了两部1895年拍摄的卢米埃尔早期电影，这些电影在法国摄影协会展出，他本人则是协会的前任主席。[6]

随着过境的临近，让森和他的团队乘船前往横滨（东京附近），法国过境委员会决定在那里设立一个行政基地。在与香港附近的台风作斗争之后，船员们遇到了各种各样的残骸和漂浮的尸体，并听到了超过1500名中国人和他们的

坐在中间的是朱尔·让森，周围是他的全体日本工作人员。在横滨湾登陆后，让森的队伍分为两队，一队（包括他自己）在长崎观察，另一队在神户，正如费朗索瓦系·劳奈（Francoise Launary）所指出的，从左至右：皮埃尔·马里·阿伦茨（Pierre Marie Arents，站立者）、费利克斯·蒂斯朗（Fetix Tisserand，坐者）、利厄特南特·让·皮卡尔（Lieutenamt Jeem Picard，站立者）、让森（Jamssen，坐者）、清水诚（Makoto Shimzu）、赫尔姆斯曼·里达西埃（Htlms man Mercier）、弗朗西斯科·安东尼奥·德尔姆达·朱尼尔（Francisco Antouio de Almeida Junior）和舵手米肖（Michaut），让森的望远镜在后面，左后方是放在凳子上的旋转式的照相机。

舢板一起失踪的报道，让森探险队最终安全抵达横滨湾。然而，让森并没有在那里设立观测点，他希望找到最好的观测地点，他就凌日的气候预测咨询了当地专家。他发现最好的地点似乎是神户和长崎。

那些在长崎的人似乎是最合适的，所以让森把他的仪器

“哲学家”：朱尔·让森，摄于1895年，他“凝视”着两部早期卢米米埃（Lumière）兄弟的电影

安装在金刀比罗（Kompira-yama）山上，这是一座位于城外的“台风之神”的山，但为了保险起见，他还派遣了一支队伍到神户。幸运的是，在两个地点天气都非常好，过境的第二天，让森向巴黎过境委员会主席发送了一份电报：“12月10日。在长崎和神户观测到过境，获得了内部接触。没有韧带（也就是黑滴现象）。用旋转式的照相机拍摄……在过境前看到金星在（太阳）冠层上，证明了冠层大气层的存在。——让森。”[7]

除了使用旋转式的照相机拍照，让森还使用另一架望远镜，将光谱仪的狭缝放在行星的大气“光环”上，当行星在太阳色球的背景下显现时。他检查了金星光谱中的线条，声称已经证实了他之前在埃特纳山观测结果的正确性：金星的大气中有水蒸气。正如我们将看到的，他后来改变了自己的看法。

除了法国人部署的“让森”望远镜外，英国人也有自己的版本，由伦敦仪器制造商约翰·达尔迈耶建造，在印度和墨尔本使用[8]。观测凌日的努力是前所未有的，包括使用更传统的手段。从四大洲和分布在两大洋的众多岛屿上进行了观测。然而，结果和天文单位的计算都没有达到预期。英国天文学家戴维·吉尔（David Gill）是林赛勋爵探险队的一员，他用量日仪（heliometer，一种带有分离镜片的望远镜，用于测量恒星之间的角距）观察了凌日现象，他在回到英国后辞去了在林赛探险队的工作。吉尔对在凌日期间测定金星相对太阳的精确位置的经验不再抱幻想，他决定把精力集中在另一种测量太阳距离的方法上，即利用火星相对于恒星在近距离冲日时的变化位置。在1877年火星冲日之前，他和妻子伊莎贝尔前往大西洋中部荒凉的阿森松岛，使用他用来观测金星凌日的同一台量日仪，计算出太阳视差为8.780"，得到地球到太阳的距离为149 840 000千米，与现代数值相差不到0.2%。即使在摄影机和让森望远镜的帮助下，凌日观测也产生了零星的结果，其中英国摄影小组的结果尤其令人失望。只有抛弃了后者，1874年通过摄影得出的凌日值才比18世纪受黑滴效应影响的目视计时显示出更大的一致性。正如吉尔所认识到的那样，哈雷和迪莱尔的几何方法已经过时了，从此以后，测定太阳距离的三角方法将使用火星作为媒介，就像吉尔所做的那样，或者更好的是，其中一颗小行星。尽管在下一次凌日（1882年12月6日）之

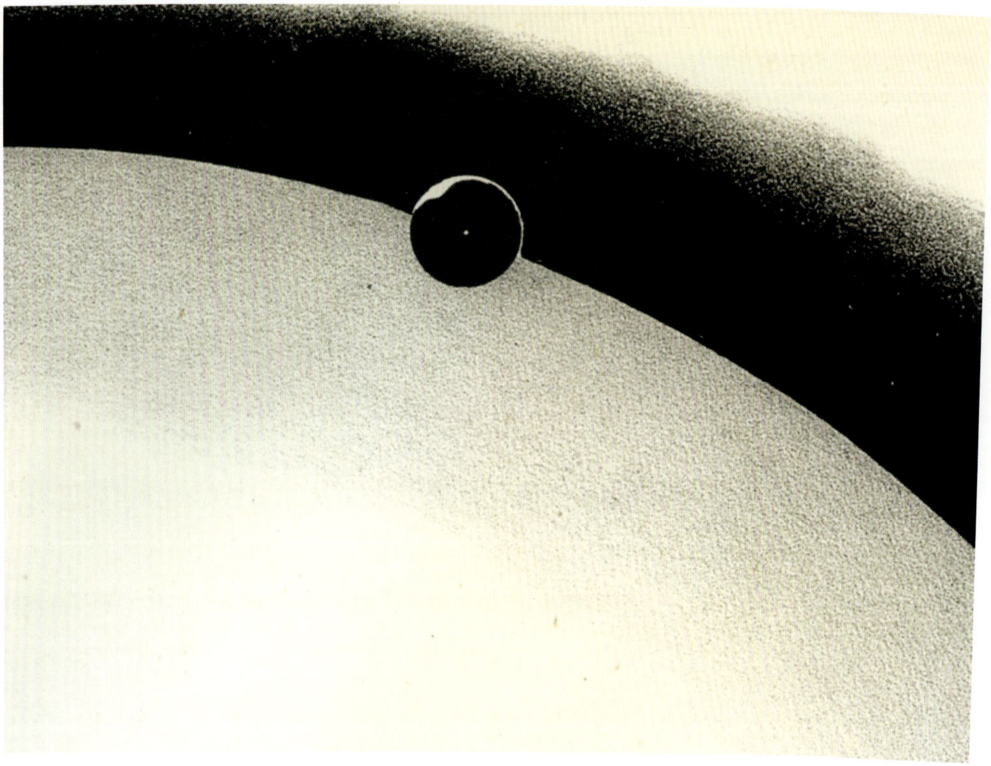

前，这种认识就已经开始深入人心，但制度上的惯性意味着计划中的凌日探险舰队将继续进行到一个盛大的结局。

1882年12月8日，《纽约时报》不赞成把纳税人的钱浪费在这一个目的上，并痛斥美国海军天文台派科考队到地球上遥远的地方去。该报纸认为，与1874年的凌日相比，1882年的凌日也可以在美国大陆内观测到，而且开始和结束都是可见的。他们嘲讽地写道：

1874年12月9日金星凌日接近结束，明亮处为一个被称为“极点斑”的亮斑，位于行星南极假定处附近，由赖特（Wright）博士在新南威尔士州的悉尼观察到，使用的仪器是2厘米勃朗宁镀银玻璃反射镜，光圈13厘米。

> 人们早已习惯毫无疑问地接受天文学家的说法，以至于没有人敢问金星横穿太阳光盘是如何让人们计算出后者和太阳之间距离的……最终，所有有思考能力的人

艾德蒙-路易·德潘，金星凌日，1882年。巴黎天文台彩绘天花板，纪念1882年12月的金星凌日。金星在丘比特的陪伴下，朝着赫利俄斯和他的马拉战车飞去。这种事情在19世纪仍然流行，但现代人可能不太喜欢。

都明白，只要天文学家能说服政府派他们去中国和秘鲁，观测金星过境的必要性就永远不会结束，太阳离地球的距离也永远不会确定下来。

英国、法国、荷兰、德国、比利时、西班牙、巴西和阿根廷也派出了考察队。结果证明了《纽约时报》的怀疑是正确的，并且表明，就确定天文单位值的精度而言，凌日法确实已经过时了。提醒一下，开普勒的调和定律将公转周期与行星到太阳的距离联系起来。这样就可以计算出一个比例模型，但要得到以千米或英里为单位的绝对比例，就需要测量任何两个物体之间的距离。通过测量从地球到金星或火星的距离，到太阳的距离或天文单位就可以直接计算出来。最新的测量结果不是通过哈雷或迪莱尔的复杂的三角测量法，而是通过测定向金星或火星表面发送和接收无线电信号之间的时间差。无线电信号以光速传播：299 792千米/秒。所得到的距离精确到几米以内。自2012年以来，国际天文学联合会定义（而不是测量）太阳视差为8.794 148"，天文单位定义为149 597 870千米。因为这是一个定义，而不是一个具体的测量，所以它很可能是最后的结论。

另一方面，1882年12月6日的凌日也并非没有意义。这是“普通人”的第一次过境，任何人都可以携带烟熏玻璃碎片。根据《纽约时报》的报道，那些努力工作的人得到的回报是看到了一个小点，这个小点“小到需要一段时间仔细贴在玻璃上才能辨认出来”。[9]那个黑点看起来还没有一个小豌豆干大。就其本身而言，它算不上什么奇观，但它确实是一种任何活着的人都不会再看到的景象。2004年6月8日和2012年6月6日发生的凌日现象也是如此。下一组凌日发生将是2117年12月11日和2125年12月8日。

让森还观测到了1882年的金星凌日。他完全忽视了确定太阳视差的国际运动，而是试图对金星进行物理观察，使用分光镜分析金星大气的组成。他的目标是确定“在金星大气中是否存在水物质，而在地球上，水物质在与生命发展有关的所有现象中起着重要作用”。[10]他没有留在巴黎，而是去了阿尔及利亚的奥兰，这是他1870年日食探险失败的地方。凌日发生时，那里的太阳比法国的还要高。由于金星光环中的水蒸气，他最初的观测尝试没有成功，但他还不愿意放弃，他在高原地区停留了一个月。

奥兰的观看条件非常好。他指出，这颗行星非常“明亮”，可以使用高色散和高质量的分光镜，而该地点极度干燥，可以最大限度地减少大地线的干扰。然而，最后，他不得不承认，“当一个人……排除了地球大气的影响，金星光谱中水蒸气的光学特征很弱。在我看来，这并不意味着金星上没有这种元素”。[11] 因此，正如让森明确指出的那样，对不需要凌日即可进行的水蒸气搜索将继续下去。

正如1882年所证明的那样，对天文单位的探索再也不需要借助金星凌日。哈雷和迪莱尔的方法已经被取代了，尽管它们并非没有价值，而且还标志着国际科学考察时代的开始。顺便说一下，不是每一代人都能看到金星凌日，这一点很发人深省。1882年之后的下一次凌日将是2004年和2012年，这是自1639年霍罗克斯和克拉布特里观测后的第六次和第七次。在1882年，它们确实似乎非常遥远，尽管现在它们来了又走，被历史上最多的人观测到，可能有数亿

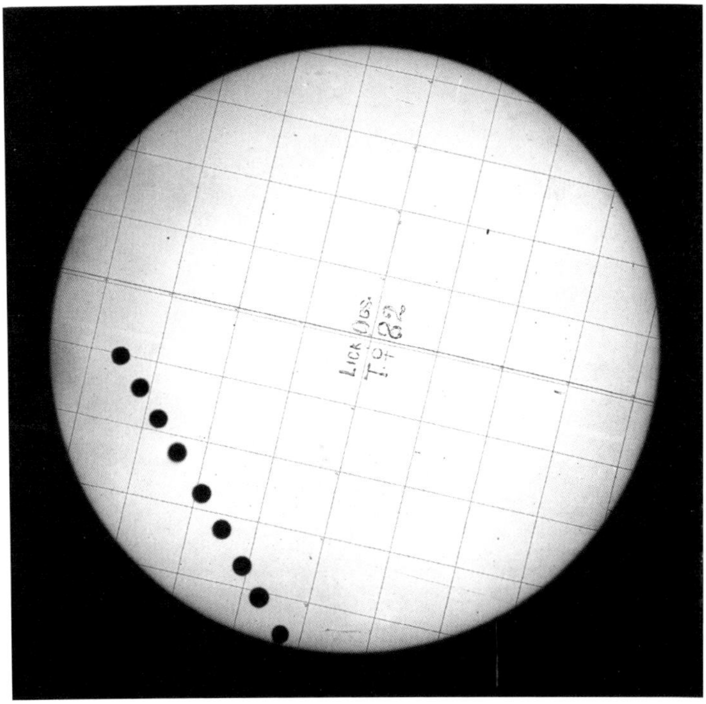

1882年12月6日，安东尼·米施（Anthony Misch）用戴维·派克·托德（David Peck Todd）在汉密尔顿山（利克天文台的未来所在地）拍摄的胶片制作的一幅拼集照片。

1882年12月6日，凝视着（在他们的有生之年）再也无法再次看见的金星凌日的孩子们。源自《哈珀周刊》，1883年4月28日。不建议采用他们的观测方法。

人。那些错过了它们的人将不得不等到2117年才有另一个机会。

尽管大多数观察者参与这次凌日观测主要是为了欣赏这一罕见的天文事件，但21世纪的凌日观测也具有科学价值。其中一个观测活动被称为“金星黄昏实验”，它涉及将一系列专门设计的望远镜发送到世界各地的观测站点。这些望远镜最初是为在非全食日食期间观测太阳日冕而设计的，并因此被称为日冕仪。在这种情况下，它们可能更为人所熟知的是塞西洛图，因为它们用于研究金星从太阳

"金星黄昏实验”（Venus Twilight Experiment）是为了拍摄2012年6月6日金星过境时的金星光环，而将日冕仪部署至全球各站的世界性的成就：哈萨克斯坦的观测结果被云层破坏；斯瓦尔巴德长年观测；印度的乌代帕尔（Udaipar）与若昂·雷特雷（Joao Retre）和佩德罗·马查多（Pedro Machado）（他们为过境而来的拜访由桑贾伊·利·马耶的乌代普尔太阳观测站协调）一起在大象背上使用日冕仪。

边缘经过时形成的光环。根据航天器数据已经知道，金星大气垂直结构显示出从云层到地表温度逐渐降低。在云层之上，温度随高度的变化率较低，在70～80千米的某些纬度甚至接近于零。由于热结构影响大气密度，它也影响光的折射。光晕是由中间层中折射的光组成的。“金星黄昏实验”站的数据受到好天气的青睐，结合太阳动力观测站和金星快车航天器的数据，可以详细地计算出中间层的垂直结构，并显示出云层上方层短时间的尺度变化和纬度差异的证据。例如，自1874年以来，凌日观测者发现明亮的“极弧”与地球“冷带区”的阳光折射相对应，冷带区是纬度60°～80°的冷空气凸起，垂直延伸至75千米。这些观测不仅揭示了有关金星本身的重要结果，而且还为日后天文学

家分析围绕其他恒星运行的遥远系外行星凌日时所表现出的现象提供了铺垫。

首次使用摄谱仪：不是水蒸气而是二氧化碳

进一步的观察不再需要视觉上的努力，因为视觉上的努力受到了主观效果的阻碍，转而依赖于摄影。让森被证明是有预见性的；到20世纪初，照相底片在天文研究的大多数领域已经成为“科学家真正的视网膜”。在光谱学中也是如此，分光镜现在变成了摄谱仪。

如前所述，早在1903年，洛厄尔天文台的维斯托·斯里弗就已经用天文台的光谱仪研究金星的自转周期。此外，他的雇主珀西瓦尔·洛厄尔，还提出了一种研究行星大气成分的有前景的新方法。正如我们所看到的，这是相当复杂的，因为要解开金星大气中的水蒸气和氧气与地球中的水蒸气和氧气之间的关系非常困难。然而，洛厄尔认为，这可以通过众所周知的多普勒效应来实现。原理是这样的：当金星接近地球时，地球产生的大气谱线（那些由地球产生的）始终保持不变，而金星产生的大气谱线则向蓝移；而当金星远离地球时，金星产生的大气谱线向红移。因此，由水蒸气、氧气或任何其他元素产生的谱线应该呈现出双线，或者至少有些扩展，并且金星产生的谱线与地球产生的谱线有所区别。

从原理上讲，这种方法相当直接简单，但实践起来并不容易。1921年，斯里弗（Slipher）在洛厄尔首次尝试了这种方法，随后是塞斯·尼科尔森（Seth B. Nicholson）和查尔斯·圣约翰（Charles E. St John）于次年在威尔逊山尝试。他们都没有检测到氧气或水蒸气。

1932年，沃尔特·悉尼·亚当斯（Walter Sydney Adams）和小西奥多·邓纳姆（Theodore Dunham Jr）在2.54米反射镜（当时世界上最大的望远镜）上使用提高了红外部分灵敏度的照相底片，也未能探测到氧气或水蒸气。相反，他们意外地发现了红外线的吸收线。他们一开始无法辨认。亚当斯和邓纳姆后来证明它们是由二氧化碳引起的。[12]

故事在这时发生了有趣的转折。1937年，在密歇根大学的哈里森兰德尔实验室（Harrison M. Randall）接受红外光谱学训练的阿瑟·阿德尔（Arthur Adel），任职于洛厄

摄于2012年6月8日。这些CCD影像由Paolo Tanga用进行暮光实验的日冕仪拍摄，这是一套相同系列的特别设计的望远镜，派往全世界各地，用以研究金星在2012年6月8日中转开始时和结束时金星的耀斑，这个是位于亚利桑那州，弗拉格斯塔夫的洛厄尔天文台。注意面板1中明亮的“极弧”，它首次被新南威尔士州的视觉观察员于1874年的过境观察到。

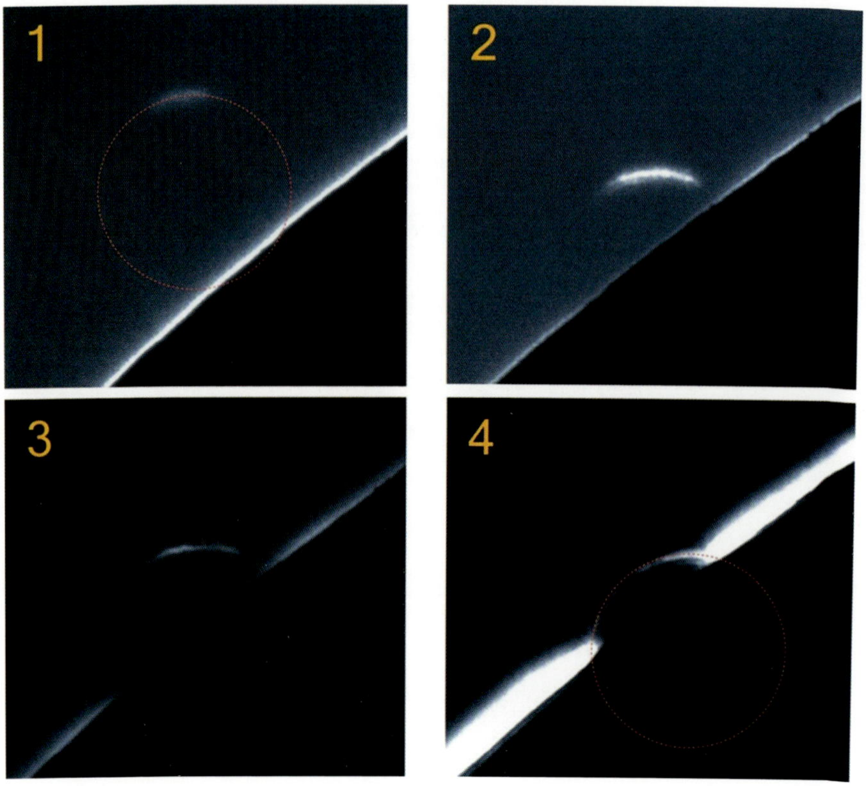

尔天文台。他在那里很难从包括斯利弗在内的年长天文学家那里得到未公布的数据，但在等待天文台仪器制造商完成设备研制时，他被允许使用61厘米折射望远镜（珀西瓦尔·洛厄尔主要使用的那台），斯利弗则允许他把光谱仪放在望远镜上。根据阿德尔后来的叙述：

> 我立即把它转向金星。我用了新的底片：……必须用氨水和其他东西对它们进行超敏处理，使之对大约1微米（近红外）波段产生光敏性……所以有了这个设备，我做的第一件事就是重拾起频带，亚当斯和邓纳姆发现的金星光谱中的二氧化碳带……这意味着斯利弗可以做到这点。他本可以在洛厄尔天文台在金星上发现二氧化碳。嗯，我没有注意到这一点：我很天真，没有意识到如果这件事引起（任何人的）注意，他会多么生气。邓纳姆是1937年来洛厄尔天文台访问的，我愚蠢地提到了这件事，出于热情，我给他看了照相底片。不幸的是，我告诉邓纳姆这件事时，斯里弗也在场。从此以后，我就被禁止使用山上的任何望远镜。[13]

尽管阿德尔与洛厄尔天文台的老科学家们不断发生摩擦，且恩怨从未彻底解决，并导致他在第二次世界大战开始时离开，但他继续做出了出色的工作。1941年，他发表了一篇论文，其中他估计，在标准大气压和温度下，金星大气中的二氧化碳含量相当于3.2千米厚度，而地球的二氧化碳含量仅相当于9米厚。

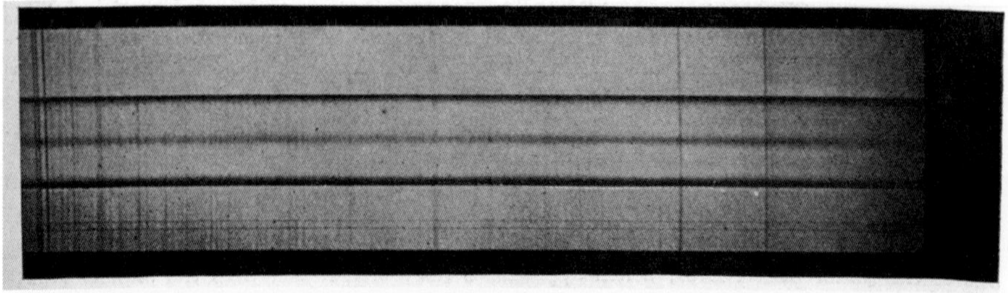

洛厄尔天文台拍摄的光谱图。在这个波段将金星光谱与太阳光谱进行比较，可以发现由于水蒸气、氧气的存在导致吸收线增强。

平流层成就：金星水体的探测

直到20世纪50年代末，人们才第一次真正探测到金星上的水蒸气，当时，就在第一个行星际探测器成为可能之前，平流层的气球使仪器得以被带到太空的边缘。

其中包括著名天文学家奥杜安·多尔弗斯的功绩，他在皮克·杜米迪的观测在前面已经描述过了。1954年5月，奥杜安在他的父亲查尔斯（法国著名的热气球驾驶员）的带领下，在海拔6400米的高空进行了观测，试图探测火星光谱中830纳米的水蒸气带。这一次，金星没有被观测，但这一努力被证明是1959年4月22日升天的预演，这次金星和火星都被观测到。而这一次，多尔弗斯独自一人，既是飞行员又是观察员。他被封闭在一个密封的球形铝镁合金吊舱内，能够操作安装在外面的51厘米望远镜。整个装置由104个沿400米长的尼龙绳等间距分布的氯丁橡胶气球向上抬升到近13000米的高度。观测结果一被记录下来，无线电指令就释放了气球群顶部的几个气球，开始下降。夜间着陆是不受控制的，但在着陆后，所有的气球立即被释放到黑暗的天空中，太空舱、望远镜和天文学家则安全地留在地面上。尽管作出了勇敢的努力，金星的水蒸气仍然没有被探测到——这是金星大气极度干燥的又一个证据。[14]

接下来的11月，两名美国人，马尔科姆·罗斯（Malcolm D. Ross）担任飞行员，查尔斯·摩尔（Charles B. Moore）担任观察员，将一台41厘米望远镜和一台光谱仪带到了25千米的高度，也就是地球大部分大气层之上。这次发射是在南达科他州布莱克山著名的平流层碗（Stratobowl）进行的，该地在20世纪30年代中期曾被用

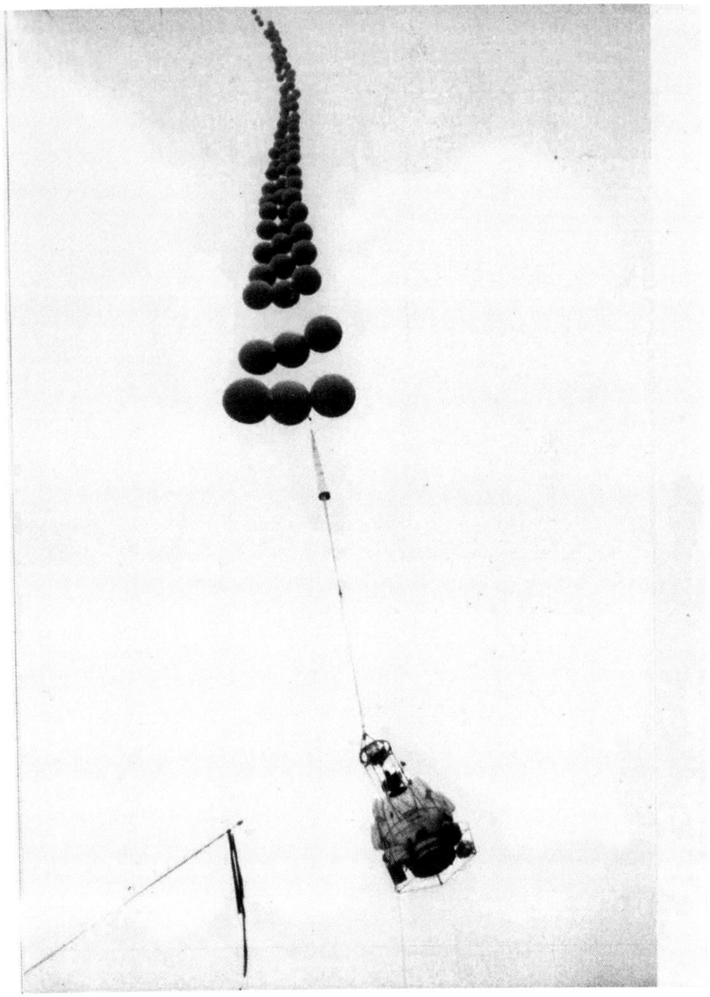

1959年4月22日，104个气球组和有效载荷从莫顿附近维拉库布莱机场发射后不久，天文学家奥杜安·多尔弗斯用安装在缆车上方的望远镜寻找金星和火星上的水蒸气。

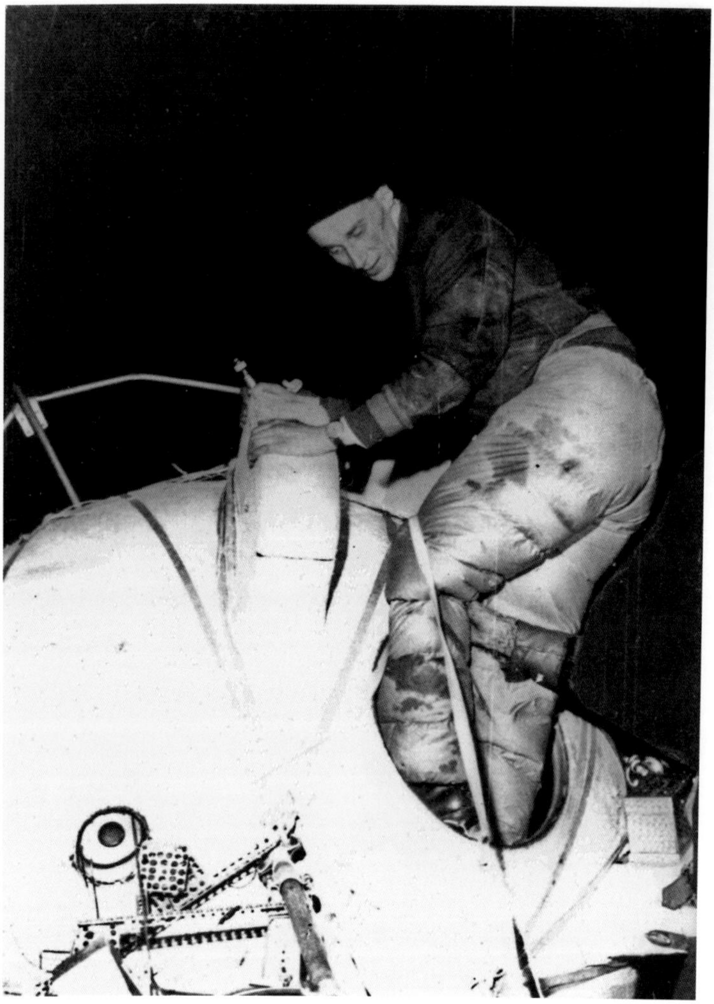

着陆后多尔弗斯随即成功地出现在了缆车上

于一系列破纪录的气球飞行。这一次，他们探测到了水蒸气的明显迹象，尽管定量结果非常不确定。然而，金星云层上方的水蒸气含量似乎“与地球高层云层上方的水蒸气含量大致相同”。[15]

这是宇宙飞船时代的前夜。

第六章
新时代：雷达和航天器

悦耳的歌声，水手2号的声音，回荡在大厅（华盛顿特区的美国宇航局总部），回荡在全世界数以百万计的收音机和电视机里……对整个世界来说，这种颤音是一个信号，表明美国已经向前迈进了——向各个星球伸出了触角。水手号正在探索未来，寻找太阳系一些未解之谜的答案。

《水手号：金星之旅》，

加州理工学院喷气推进实验室职员，1962年

对金星的现代认识是由于第二次世界大战带来或加速的几项发展而产生的。第一项是火箭，虽然它是几个世纪前发明的，但直到现在才成为能够到达外太空的交通工具。第二项是雷达，一种能够产生短脉冲无线电能量（波长1毫米～100千米）的装置。它是由8个国家（英国、德国、美国、苏联、日本、荷兰、法国和意大利）1934年—1939年独立开发的，并在战争期间迅速扩大用于军事目的。第三项是硫化铅光电元件，受热时会产生电信号。它比热电偶灵敏得多，代替热电偶被科布伦茨和兰普兰德用来探测比人眼能探测到的波长更长的波长，甚至比最灵敏的感光乳剂还要灵敏。

至少从原始形态来看，火箭早在几个世纪前就被中国人

发明出来，并且用他们的另一种发明火药将之填满。1807年，英国人威廉·孔格里夫（William Congreve）在围攻哥本哈根时开发了这种武器，而在“1812年美英战争”（“星条旗”中的“火箭”发出红光）中，火箭也发挥了次要作用。俄国的学校教师齐奥尔科夫斯基从1902年开始发表了许多关于火箭推进理论的论文。第一次世界大战结束后，美国物理学家罗伯特·戈达德（Robert Hutchings Goddard）在论文中提议将火箭作为达到极端高度的工具进行高空研究。戈达德还提出火箭甚至可能成功到达月球，如果运载火箭装载着闪光粉，在撞击时可能会从地球上看到它。不出所料，戈达德被认为是个怪物。第二年《纽约时报》的一篇社论指责他无视物理学最基本的原理，以为火箭能在真空中工作。1926年3月16日，他在马萨诸塞州奥本附近艾菲姨妈的农场发射了第一枚液体推进火箭，并在新墨西哥州罗斯韦尔附近的一个农场继续进行推进火箭试验。与此同时，其他人也正在进入该领域，其中包括罗马尼亚出生的教师赫尔曼·奥伯斯（Hermann Oberth），他的著作《飞行星际空间的火箭》（*Rakete zuden Planetenraumen*）启发了一群德国火箭爱好者，即空间旅行协会，其主要成员是沃纳·冯·布劳恩（Wernherver von Braun）。

虽然戈达德独自工作，无法让美国官员对他的火箭的潜力产生兴趣，但德国军队很快就抓住了火箭的军事潜力。1932年，冯·布劳恩被召到库默斯多夫，担任军队在那里新建火箭站的顾问。纳粹掌权后，他被派往波罗的海的佩内门德（Peenemunde）指挥一个更大的综合部门，在那里研制出了致命的V-2导弹，这是世界上第一枚远程制导弹道导弹。从1944年9月开始，向伦敦、安特卫普和列日等盟军城市发射了3000多枚主要由劳工和集中营囚犯生产的V-2导弹。这些武器是恐怖武器，然而，尽管造成估计9000名平民和军事人员以及12000名劳工和集中营囚犯死亡，但发射这些武器为时已晚，无法改变战争的进程。战争结束时，冯·布劳恩和其他大多数德国火箭工程师向美国投降，只有少数人被苏联俘虏。在他们的领导下，美国很快组织了一个火箭计划。捕获的几枚V-2导弹是从新墨西哥州白沙发射的，虽然这些V-2导弹是单级火箭，但一枚由V-2第一级火箭和一枚称为WAC“下士”的第二级火箭组成的多级火箭于1949年成功发射，高度达到400千米。

雷达也迅速发展，因为它的军事应用，特别是1940年伯明翰大学的约翰·兰德尔（John Randall）和哈里·布特（Harry Boot）研制成空腔磁控管后，相对较小的系统与亚米级分辨率被广泛部署用于探测军事目标，如飞机、机动车辆和船舶。它被认为是盟军取得胜利的因素之一。就在战争结束后的1946年1月10日，新泽西州蒙茅斯堡的一个军事和民用工程师小组成功地利用月球反射了雷达信号，并在它们返回时接收到了这些信号。信号往返需要2.5秒。这是雷达第一次探测到天体。

德国人在硫化铅探测器方面也取得了很大的进步，他们希望用它来引导V-2导弹找到热源，以最大限度地摧毁盟军的军事和民用目标。战后，杰拉德·彼得·柯伊伯（Gerard Peter Kuiper），曼哈顿计划的阿尔索斯（Alsos）任务的成员，从对被俘的德国科学家的审讯中得知了这项工作。柯伊伯在耶基斯天文台和芝加哥大学工作，回到美国后，他从最新的机密文件中发现，由芝加哥附近西北大学的物理学家罗伯特·卡什曼（Robert J. Cashman）领导的美国人也一

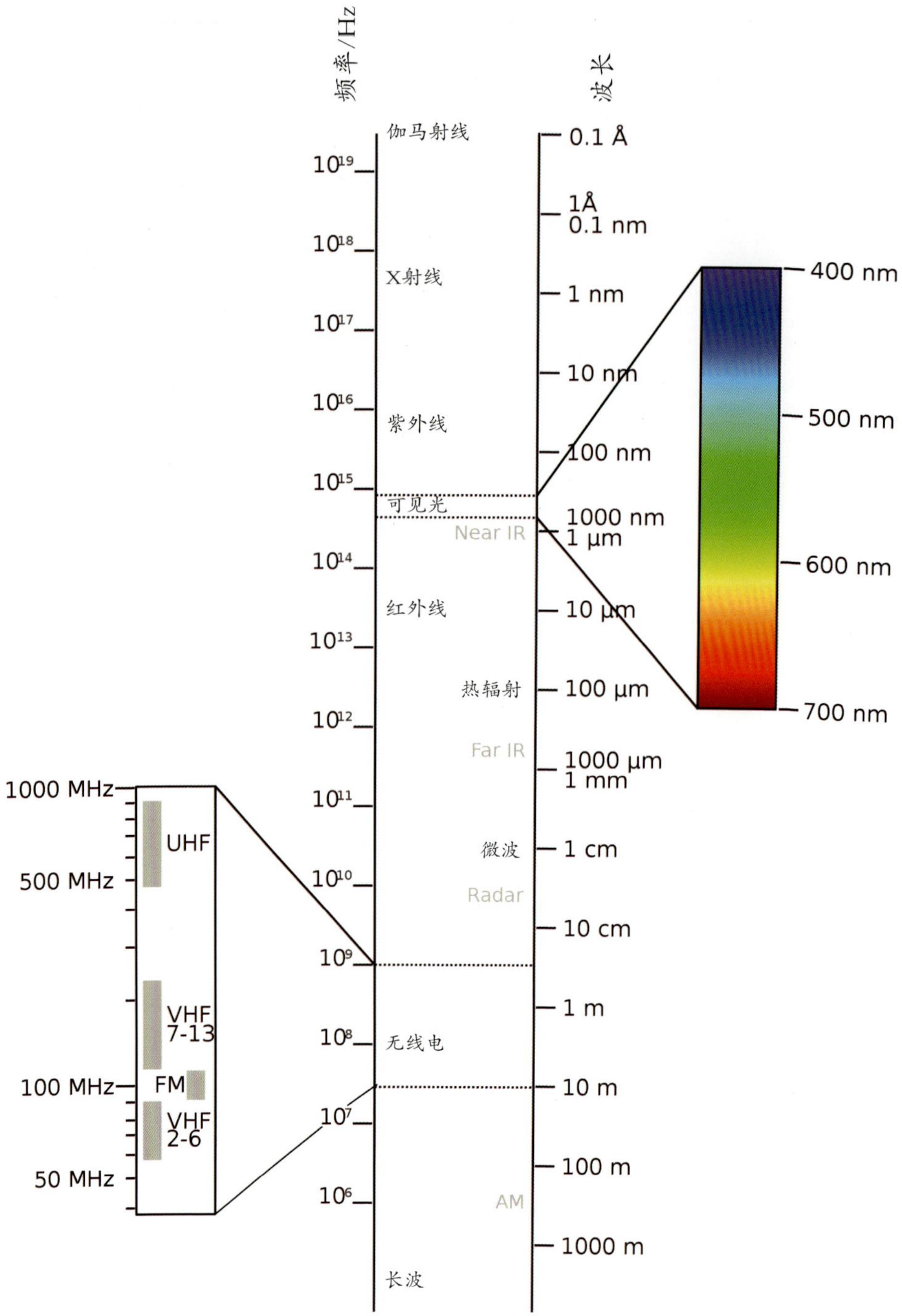
频率/Hz
波长
伽马射线
0.1 Å
10¹⁹
1Å
0.1 nm
10¹⁸
X射线
1 nm
400 nm
10¹⁷
10 nm
10¹⁶
紫外线
500 nm
100 nm
10¹⁵
可见光
1000 nm
1 μm
Near IR
10¹⁴
600 nm
红外线
10 μm
10¹³
热辐射
100 μm
700 nm
10¹²
Far IR
1000 μm
1 mm
1000 MHz
10¹¹
UHF
微波
1 cm
500 MHz
10¹⁰
Radar
10 cm
10⁹
VHF
7-13
1 m
10⁸
无线电
100 MHz
FM
10 m
VHF
2-6
10⁷
100 m
50 MHz
10⁶
AM
1000 m
长波

电磁光谱，从短于光谱可见部分的伽马射线、X射线和紫外线，到红外（包括热红外）、微波和长波长端的无线电波。请注意，在19世纪50年代前，金星光谱中唯一可供研究的部分是约300nm的紫外线和约1000nm的红外线间的长波段。

直在努力研制硫化铅探测器。由于他们彼此接近，他们开始合作使用这些探测器进行科学研究。这是导致太阳系天体红外天文学发展的重要一步，因为它们允许进入近红外光谱的一部分，在那里，地球大气的吸收红外辐射是碎片化的，如前所述，在那里，我们大气的主要成分，如氮、氧和二氧化碳产生的发射和吸收带作为气体存在，而对于更遥远的天体，通常与氢有关，作为水冰、甲烷和氨。可惜的是，我们不能在这里详细介绍太阳系天体红外天文学的发展，但希望已经足够使读者了解如何通过地面和航天器对金星进行红外观测。同时，为了方便参考，在本节的图像中总结了电磁波谱的不同区域。

金星的微波研究

除了这些对电磁波谱的红外部分的探测，还有1958年用位于华盛顿特区的海军研究实验室的15米射电望远镜第一次检测到来自金星的辐射（1mm～1m波长）。这些观察粗略提供了金星的表面温度，约为600K。

1960年，芝加哥大学柯伊伯的研究生卡尔·萨根（Carl Sagan）在他的博士论文中引用了这一结果，他很快成为为行星探索最知名的公共发言人，他在论文中声称："很明显，（这种表面温度）需要非常有效的'温室效应'。"[1] 在这里我们不需要多介绍温室效应变暖的概念，因为近年来它已经被广泛讨论过了。简而言之，所谓的温室气体——包括二氧化碳、甲烷、一氧化二氮和水蒸气——尽管只有微量的存在，但它们是红外辐射的有效吸收剂，同时对入射的太阳辐射是透明的，它们在决定地球的平均温度方面起着至关重要的作用。事实上，要不是这些气体产生的变暖作用，地球的平均全球温度将降至-20℃（-4°F），地球上的海洋将被冻结。自工业革命以来，温室气体一直在显著增加，这在很大程度上是由人类活动造成的，而且近年来的增长速度正在加快。因此，从1958年3月，当查尔斯·基林开始在夏威夷大岛莫纳罗亚火山北侧的莫纳罗亚天文台测量二氧化碳水平，到2018年11月，地球大气中的年平均二氧化碳浓度从315×10^{-6}增加到406×10^{-6}，每年增加（2.48 ± 0.26）$\times10^{-6}$。到2020年5月，它已达到百万分之417×10^{-6}[2]。地球平均温度正以每世纪约0.6℃的相应速度增加；温室效应变暖的事实现已得到证实，这与气候模型的预测是一致的。

金星在微波区的“亮度”表明其温度高达数百摄氏度。苏联科学家认为，这些温度可能是电离层的温度，而不是金星表面的温度，但萨根提出了一个著名的论点，他正确地指出，这确实是在低层大气和金星地表的温度。此外，他认为，除了大量的二氧化碳之外，只有在地表上高海拔地区的

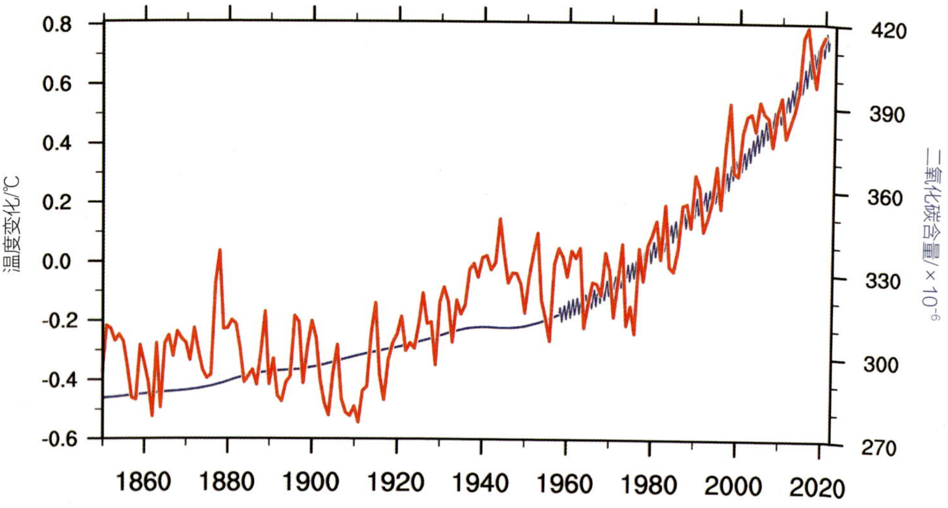

基林曲线，绘制大气层中二氧化碳与地球平均温度变化的对比。显示的日期从1850年—2020年，早期的数据近似。基林自己从哈瓦伊的毛纳罗亚山顶的测量开始 于1958年（蓝线）。图形 的蠕变是由于世界陆地植被 （大部分位于北半球）的季节性变化引起的二氧化碳浓度约5×10^{-6}变动。注意，温度变化非常清晰地追踪着二氧化碳浓度。

水蒸气也有重要贡献的情况下，这些现象才能得到解释。即使在那时，人们普遍认为金星表面不存在水蒸气。他甚至试图根据几个关于金星自转速率的不同假设来模拟变暖，而这一点在当时还不为人知。一个看似合理的模型假设在地表上方约36千米处有一个冰晶云层。

金星的雷达研究

如前所述，月球早在1946年就被雷达“探测”到了。当然，金星距离我们比月球至少远100倍，所以“探测”需要更长的时间。在1958年的下合期间，最初的成功被证明是不成熟的。然而，在下一个有利的机会，即1961年3月至5月接近下合的时期，至少有4个团队成功了：威廉·史密斯的团队使用麻省理工学院林肯实验室的米尔斯顿山可操纵天线；罗伯逊·史蒂文斯和沃尔特·维克多的团队使用加利福尼亚莫哈韦沙漠的戈德斯通天线；曼彻斯特大学的研究小组在英格兰使用乔德雷尔班克射电望远镜；弗拉基米尔·科捷尔尼科夫的研究小组在克里米亚使用埃夫帕托里亚射电望远镜。这项工作的直接结果是，他们能够计算出天文单位（AU）的精确值，即地球到太阳的距离。同样明显的是，金星的表面比月球的表面光滑。

在1962年11月，就在下一次下合之前，史密斯重新分析了他1961年的数据，并注意到雷达回波包含两个组成部分。一个是时间延迟分量，它表示行星与地球的距离。另一个是多普勒偏移分量，它告诉我们旋转的情况，因为从旋转行星靠近的部分返回的频率比原始信号高，而从远离的部分返回的频率比原始信号低。他的数据似乎显示了一个令人惊

1958年，麻省理工学院林肯实验室团队尝试向金星反射雷达信号。他们的第一次尝试没有成功，但最终于1961年成功。右起：小保罗·格林和罗伯特·普赖斯，实验的创始者；小托马斯·格布利克，戈登·佩滕吉尔（1960年取代格林成为团队领导者），计算机编程工程师罗兰·西尔弗和威廉·史密斯，还有小利昂·克拉夫特，发报机操作者，黑板上是金星雷达探测方法的方框图。

讶的结果，即行星固体的旋转方向与其轨道运动方向相反（逆行）。

这种缓慢的逆行自转在当时是出乎意料的，但在1962年罗兰·卡彭特和理查德·戈德斯坦使用戈德斯通天线的观测窗口中完全证实了这一点。此外，卡彭特和戈德斯坦还发现了一个恒星自转周期，即相对于恒星的旋转周期，大约为250天。[3] 后来的研究使用了戈德斯通天线和其他地方更大的天线，包括305米阿雷西博射电望远镜，到1967年进一步修正到243.01天。[4] 最近的数字是243.0185天。这些结果表明，金星上的太阳日，即从一次日出或日落到下一次日出或日落的间隔，是117个地球日。因此，金星上的白天持续58.5个地球日，然后是同样长度的夜晚。值得注意的是，波伊尔发现的4.3个地球日的自转周期是上层云层的自转；金星大气层的自转速度比固体更快，这构成了金星最大的谜团之一，即金星大气层的“超自转”。我们稍后再讨论这个问题。

对雷达回波的分析不仅可以发现自转，而且可以大致计算出地形。这导致了一系列越来越详细的雷达图的出版，这些雷达图是用戈德斯通射电望远镜和波多黎各阿雷西博305米射电望远镜上的干涉仪制作的。与后来的航天器雷达测绘结果相比，它们的分辨率较低，但在当时是令人震惊的成就，足以显示出金星的大部分地区都是起伏的平原，还有一些高地。这些地区在当时被称为“大陆”地区，现在仍然经常被称为“类大陆”。

飞往金星的航天器

当金星雷达测绘正在进行的同时，第一个航天器正在跨越行星际空间飞行。那段令人兴奋的时间开始了，如今回想

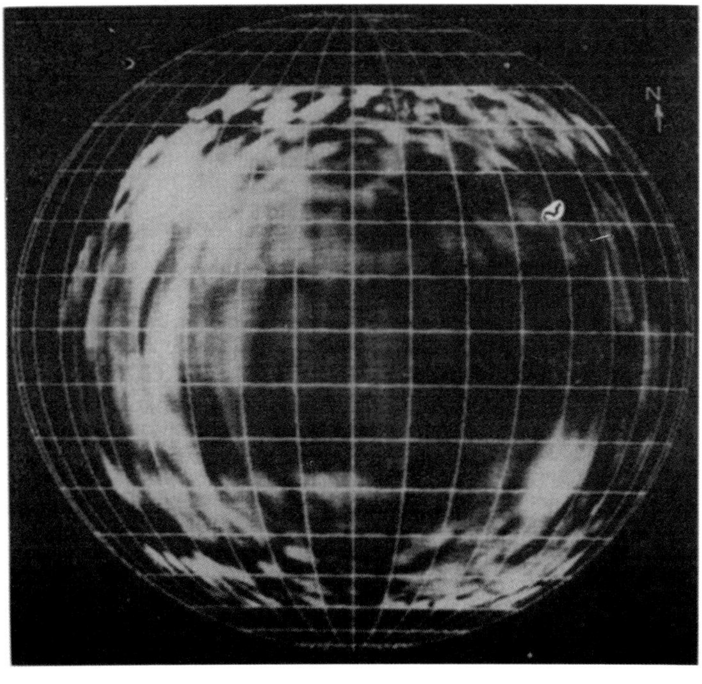

1970年用阿雷西博305米射电望远镜绘制的一张最先进的雷达图——来自《科学》坎贝儿的一篇文章。

起来，这似乎是太阳系探索的黄金时代，也标志着行星科学作为一门新学科的诞生。60年后，行星科学已经成熟，但是那些经历过过去的人们记得每一次试图到达行星的尝试，无论是已经成功还是壮志未酬，这些尝试作为令人震惊的壮举，注定将彪炳史册。

V-2导弹清楚地展示了火箭的军事潜力，起初，这是人类的天性，这仍然是超级大国美国及其竞争对手苏联的主要利益所在。1955年7月，美国宣布计划发射第一颗绕地人造卫星。当时，美国的技术优势在西方被认为是理所当然的，美国人满以为优势在他，稳操胜券。可事实上，苏联人比所有人知道的都要超前，他们的领导者是才华横溢的工程师谢尔盖·帕夫洛维奇·科罗廖夫（Sergei P. Korolev），他自己的火箭实验在20世纪30年代就开始了，在斯大林时代的大清洗中，他被打倒入狱。尽管他的健康受到了极大的损害，但好在他活了下来。1957年10月4日，科罗廖夫和他的团队从哈萨克斯坦中部靠近丘拉塔姆的拜科努尔沙漠草原上的苏联发射设施发射了“斯普特尼克1号”。美国人于1958年1月31日发射了他们自己的人造地球卫星“探索者1号”；它的引人注目之处在于携带了仪器，首次进行了确定了环绕地球的范艾伦辐射带。1959年，维尔纳·索米（Verner E. Suomi）通过“探索者7号”首次测量地球辐射估算的实验。苏联继续保持着早期的领先地位，成功的月球任务包括“月球3号”，它传回了迄今为止无法到达的月球背面的第一张照片。按照后来的标准看，这些照片非常糟糕，但一些特征可以清楚地识别出来，其中最突出的陨石坑被命名为苏联火箭先驱康斯坦丁·齐奥尔科夫斯基（Konstantin Tsiolkovsky）。

“金星1号”探测器在莫斯科航天纪念博物馆的模型

到1961年初，苏联人已经准备好首次尝试到达另一个星球。逃逸速度是11千米/秒或4万千米/时，逃逸速度与物体进入地球轨道所需的动能相对应。要达到行星际轨道，需要更大一点的能量——金星的能量是45600千米/时。在这一点上，宇宙飞船已经成为一个独立的物体，在自己的轨道上围绕太阳运行。它向另一颗行星倾斜的路径被称为转移轨道；为了到达向内朝向太阳的行星，比如金星，航天器必须相对于地球减速；要飞到更远的地方，比如火星，就必须加速。

1961年2月，两个金星探测器从拜科努尔航天发射场发射升空，标志着苏联人对这颗行星持久迷恋的开始。第一颗，现在被命名为“金星-IVA 1号”，当时没有公布，未

这个26米长的天线位于金石“金星号”空间站，于1962年12月14日飞越金星时用来探测“水手2号”的无线电信号。

能离开地球轨道。第二颗，“金星1号”（Venera 1，取自俄语中的金星）于1961年2月12日成功发射，并与地球保持了大约一周的联系，当时它已经到达了距离地球约190万千米的地方。在那一刻，可能是由于定位系统的故障，无线电失联了。“金星1号”被认为在5月19日从距离金星10万千米的地方经过，但没有获得有用的数据。虽然它最终失败了，但它创造了历史，并将作为第一个试图到达金星的航天器永远被铭记。

瞄准金星，美国人取得了首次成功。到1962年夏天，他们已经准备好了两艘宇宙飞船。第一艘“水手1号”在7月22日发射后几分钟就失败了。它的备用飞船“水手2号”于

艺术家对“水手2号”在前往金星路上的畅想

同年8月27日出发。[5]经过三个半月的星际航行，它于1962年12月14日抵达距离地球5800万千米的金星。在飞越金星的过程中，它的无线电信号被位于加利福尼亚州莫哈韦沙漠的喷气推进实验室运营的深空网络研究和开发站的美国航空航天局深空网络（DSN）的26米跟踪天线和澳大利亚的帕克斯天线接收。这是后者的第一次行星探测接收任务，然后就开始了与美国航空航天局的长期合作。这是人类历史上第一次从另一个行星附近接收到科学数据。

在它的飞越过程中，在脱离无线电联系进入太阳轨道之前，“水手2号”传回了一个宝贵的数据。其中有一个重要的负面结果：与地球不同，金星没有全球磁场。考虑到金星刚刚被发现的缓慢自转，这并不奇怪，因为人们认为，磁场的存在需要一个熔融的核心和一个合理的快速自转。但问题是，金星是如何在受到太阳风轰炸的情况下保持其大气层的？虽然航天器没有携带任何照相机设备，但鉴于金星的云层几乎没有任何特征，它配备了微波和远红外辐射计，其微波辐射（红外以外的光谱区域）的测量结果将明确地表明萨根1960年的结果确实是正确的。[6]

在“水手2号”升空之前，存在两种可能性。一些天文学家认为，金星有一个带电的电离层，从而导致气温读数极高，尽管实际上其表面很冷。在这种情况下，当航天器观测到边缘时，仪器会看到更多带电子的电离层，而很少看到较冷的表面，如果有的话，读数会显示“边缘变亮”——当航天器接近行星边缘时，温度会升高。在另一种情况下，与萨根和大多数天文学家的观点一致，金星表面很热，但大气中没有大量的电子。宇宙飞船将从太空中观察一颗被冷而厚的云层覆盖的热行星。垂直向下，远红外辐射计将穿过云层

美国宇航局喷气推进实验室主任威廉·皮克林等，于1963年在白宫中给肯尼迪总统展示了一个“水手2号”的模型。美国国家航空航天局局长詹姆斯·韦伯站在模型正后方，鲍勃·帕克斯站在皮克林的右边。

记录高温的地表；在行星边缘，微波无线电频谱中所谓的X波段频率将被硫酸蒸气/液滴吸收，产生“边缘变暗”，与边缘的温度下降对应。这些仪器观测金星的波长分别为13.5毫米和19毫米。与不受水蒸气影响的19毫米波段比较，选择13.5毫米波段是因为它是电磁波谱内微波吸收水的波段位置；如果行星大气中有大量的水蒸气，远红外辐射计就可以探测到。扫描并没有显示水蒸气的存在，但确实显示了一个明确的边缘变暗效应，这意味着昼半球和夜半球的表面温度相当均匀，为427℃（800°F）。总之，正如萨根所提出的那样，之前通过无线电观测得出的高温不仅是真实存在的，而且很明显，这种高温只可能是由大量、主要是二氧化碳的大气中的温室效应造成的。萨根之前曾与天文学家德·沃库勒尔开玩笑赌了100美元，说金星表面的压力将是地球的100倍，“水手2号”帮他赌赢了。德·沃库勒尔付了钱，并给自己找借口说自己的专业领域是火星，不是金星。[7]

“金星4号”探测器于1967年10月18日首次直接测量了

金星大气的温度、压力和密度。进入大气层后，它继续向距地面约25千米的高度发送数据，随后失去了联系。[8]在“水手5号”飞越任务中也获得了表面上的温度与高度以及压力与高度的剖面，“水手5号”最接近金星的时间是在“金星4号”穿越大气层后的一天。1969年1月，“金星5号”和“金星6号”着陆器获得了接下来的结果。尽管当时苏联声称这两个着陆器在到达金星表面的过程中一直保持着通信，但随后的分析表明，“金星5号”在距离地表12千米的高度失去了联系，“金星6号”在距离地表18千米的高度失去了联系。根据它们获得的温度、压力和密度分布，表面温度估计为497±60℃，压力估计为67~135巴，最有可能的值是90巴，后者相当于地球海平面以下约1000米的压力。[9]

金星和地球上的温室效应

在地球上，温室效应使得地球不至于成为一个永久的冰球，尽管根据古生物学家的说法，地球在过去曾有过长时间的冰冻期，如在新元古代的低温期，在7.5亿—6.35亿年前（可能是由与罗迪尼亚超大陆分裂相关的岩石的快速风化引起的，随后是全球范围内碳酸盐矿物白云岩的沉积，耗尽了地球大气中的二氧化碳）。2.52亿年前二叠纪末期的“大灭绝”可能也是由于全球变暖，当时地球上75%的海洋生物，包括三叶虫，完全消失了，许多物种，包括腕足类动物，如海百合；有壳的头足类动物，如鹦鹉螺和蜗牛，都遭受了严重的损失。这次大灭绝似乎是由一颗小行星撞击引发的，在澳大利亚东北部形成了最近被发现的200千米长的贝德奥特陨石坑，引发了西伯利亚地盾地区一系列持续的火山喷发，大量的二氧化碳排放导致气温突然上升，同时氧气含量下降。

上一次二氧化碳含量达到现在的水平是在300多万年前，当时的气温比前工业时代高出2℃～3℃（3.6°F～5.4°F），海平面比今天高出15～25米。回想起二叠纪“大灭绝”事件，古生物学家彼得·沃德（Peter D. Ward）关注到目前地球大气中二氧化碳的积累，他认为这是“我们人类现在可能重蹈覆辙，似乎忘记了前方的道路被冲垮，一场事故即将再次发生”，[10]这是一条金星已经走过的路。

金星浓厚的大气层几乎完全由二氧化碳组成，其余由氮和微量的其他成分组成，包括稀有气体，如下表所示：

二氧化碳	96.5%
氮气	3.5%
二氧化硫	可变
水蒸气	可变
一氧化碳	可变

金星的大气层能有效地吸收热量：即使只有2.5%的阳光穿透云层顶部，并一路到达地表，但金星的温度远比任何厨房的烤箱都要高，甚至达到炼钢炉的一半。在其低洼地区，温度达到477℃（890°F），即使是在山地表面的最高峰，温度也保持在377℃（710°F）以上。铅如果存在于金星地表，也会被熔化。

浓厚的大气层可能是导致金星反向自转的一个原因。虽然我们对早期金星的自转一无所知，但可以合理地假设它曾经正常自转，也就是说，它的自转轴与太阳对齐，自转周期很短。也有可能金星最初有像地球一样的海洋（同样，也不确定；有些人认为，夜晚的云层会使表面温度过高，导致海洋无法形成）。在某个时刻，海洋消失了，形成了巨大的、晃动的、黏稠的、几乎纯二氧化碳的大气层。地核摩擦和大气层中的太阳热潮汐开始对地表产生不可避免的影响。简单地说，来自太阳的热保持了一部分大气的位置，使其扩展成椭球的形状。在这些潮汐隆起的下面，金星继续旋转。如果大气层表现为一种无摩擦的流体，那么椭球体的长轴将始终朝向太阳。大气表面与山脉的摩擦有效地起到了刹车的作用。在地球上，月球的潮汐使自转从形成时的几个小时（早期的计算是高度不确定的）减慢到恐龙时代的大约23小时，再到今天的24小时。月球形成时的距离大约比现在近10～20倍，从那以后它就慢慢地后退到现在的距离。[11] 当然，金星没有卫星，至少目前没有。然而，在某个阶段，它浓厚的（和滞后的）大气层和行星旋转的固体之间的摩擦会变得如此之大，以至于即使它曾经正常旋转，它也会减速到与太阳1：1的自旋轨道耦合——也就是说，它的自转和公转周期将是相等的——并继续减速，直到它最终达到目前的稳定态。[12]

当射电天文学家将金星自转周期的数值精确到243.01天时，他们就意识到这与243.16天非常接近。这是金星与地球之间的一种共振周期，平均而言，在两颗行星之间的连续两次相互靠近的间隔，地球观察者会看到金星自转了大约4次。

这些排列是否仅仅是巧合还有待讨论，但如果金星的自转周期在很长一段时间内几乎不发生变化（就像地球一样），它的自转就可能会被地球“捕获”一段时间。[13]

第七章
云由什么构成？

最晴朗的天空有时也会飘过一丝云彩。

——莎士比亚（Sharespere）

“水手2号”于1962年飞越金星，标志着人类首次对另一个行星航天侦察的成功尝试。然而，该航天器并没有配备摄像机；下一个访问金星的在1967年10月成功飞行的“水手5号”和“织女星4-8号”探测器也没有配备摄像机。直到1974年，“水手10号”在向水星的重力辅助飞越过程中飞越金星（最小距离5768千米），并发回一系列金星的紫外线和橙光的高分辨率电视图像，才详细地揭示了金星的全球云层覆盖情况。

从金星的黑暗面接近，早期的新月图像没有显示任何细节。在最接近金星后，在夜晚的一面，白天的图像显示了整个星球令人惊讶的对比，大尺度上是有序的，小尺度上是无序的，随着航天器从星球上远离，图像的空间分辨率越来越高，最终显示了对比度降低的晨昏线。航天器的紫外线图像显示了不同纬度上大量的云层形状。在极地纬度，云层有厚层状的外观，即接近水平一致的底部和顶部。在45°～50°纬度，云层看起来像地球上热带外气旋中散布的冷锋。在低纬度，它们类似于积云，分解成暗色和浅色的斑点。在太阳的正下方（亚太阳区域），它们给人强烈对流活动的印象。

橙色滤镜图像显示了更弱的对比。还获得了一些偏振紫外线图像。

后来的航天器也拍摄到了云层的其他图像，包括美国航空航天局的伽利略号在前往木星的途中经过金星的重力辅助飞行，美国航空航天局和欧洲航天局的卡西尼号在前往土星的途中经过了两次金星，美国航空航天局的水星表面、空间环境、地球化学和测距（信使号），以及最著名的高产和持久的轨道飞行器——欧洲航天局（ESA）的“金星快车”和日本宇宙航空研究开发机构的“拂晓”号。

“水手10号”拍摄的黑白高拉伸紫外线图像显示，水星表面有明显的条纹和条带。然而，在非拉伸数据中，这些斑块是灰色的，真实的外观更像透过望远镜看到的平淡的气体巨星，如土星。亮度上的斑点是真实的，表明存在某种浓度不同的紫外线吸收剂。韦尔纳·索米（Verner E. Suomi），卫星气象学之父，“水手10号”金星-水星成像小组成员，称它们为“沥青积聚物”，因为吸收物质的身份仍未被发现。

奇怪的是，从现有数据推断，在暗区和明区，云粒子的物理性质似乎没有任何区别，所以一个突出的问题是，为什么会出现这些对比——为什么吸收剂在大气中不能很好地混合？此外，在紫外线图像中，测量到的亮区和暗区的运动也没有明显的一致性差异。布瓦耶（Boyer）和格林（Guérin）从地球的望远镜图像中测量到，亮区和暗区都显示出同样的大致为4天的大气大范围循环。上层大气的超旋转速度在云顶比地球本身快60倍左右，这种情况对天文学家来说如此难以理解，以至于他们中的一些人无法说服自己这可能是真的。

韦尔纳·索米，人称“卫星气象学之父”，既是水手号金星/水星任务（“水手10号”）上唯一的大气科学家，也是先锋金星多探测器任务的3个较小探测器上的小探测器网流量辐射计的主要研究员。

相反，他们提出，超旋转只是一个幻象，他们实际上看到的只是某种波现象的模式速度。[1]

接下来是1978年5月的金星雷达测绘先锋金星轨道飞行器，大约1个月后是先锋金星多探测器任务。后者包括1个运载母舰航天器，1个大型探测器和3个较小的大气探测器（分别命名为北、日和夜），它们在到达金星前2个月从运载器上释放，并于1978年12月9日降落到大气层中。

苏联的“维加1号”和“维加2号”，大型的金星探测宇宙飞船，每艘重达4920千克，代表着有史以来最雄心勃勃

的星际任务之一，获得了更多的数据。最初的金星任务被改变为利用1986年哈雷彗星返回近日点（因此有了维加这个名字，它是俄语中金星和哈雷的缩写）。

维加探测车和着陆装置的模型。乌德沃尔哈齐中心，杜勒斯国际机场，尚蒂伊，弗吉尼亚州。

1985年6月，两艘飞船近距离接近金星。在最接近金星的两天前，每艘飞船都释放了一个降落器，类似于之前的“维内拉斯”，但带有不同的仪器，以及一个带有有效载荷的仪器气球，用于研究大气和云层，而运载部分继续前往哈雷彗星。“维加1号”着陆器成功降落在水泽仙女平原（Rusalka Planitia），“维加2号”着陆在阿美罗狄忒地（Aphrodite Terra）。带有有效载荷的气球通过一系列复杂的降落伞操纵从着陆器的舱室中释放。

1970年，美国和苏联分别接收了“金星7号”和“金星

位于弗吉尼亚州尚蒂伊杜勒斯国际机场乌德沃尔哈齐中心的维加气球和包含仪器的载荷篮的模型。

8号”探测器发回的无线电信号，多普勒频移测速系统显示在46千米高度以上风速（沿视线）超过120米/秒并且在38千米高度迅速降低到40米/秒（“金星8号”）和20米/秒（“金星7号”），在接下来的20千米两者变化很小，降到18米/秒然后在表面降为零。[2] 这些是通过遥测信号的多普勒频移测量的视线风，它接近东西方向（纬向）但角度很小，所以测量反映了南北风的一小部分。3颗先锋金星小探测器使用很长的基线干涉测量法跟踪，允许测量东西和南北分量；该技术有足够的精度来获得探测器的下落速度。靠近表面，风向变化很大。“金星9号”和“金星10号”着陆器测量了表面上方1.5米的风速约为1米/秒，但没有测量方向。虽然这看起来像是很轻的风，但请记住，由于金星表面的密度是地球表面的65倍，即使是这样的微风也会带来相当大的冲击。

恒定水平的维加气球在金星的夜侧漂浮在53.6千米的高度，这使它们处于金星三层云系统中最活跃的层。两只气球相隔约1200千米，投放约两天后，开始在纬向风流中向西漂移，穿过昼/夜界限，并在绕行金星约1/3的路程后，最终在朝日侧失去了联系。“维加1号”气球的平均速度约为69米/秒（248千米/时），“维加2号”气球约为66米/秒（238千米/时）。这与早期的维加结果一致，并彻底证明了超旋转确实延伸到云顶深处的夜侧。维加气球还探测到风中太阳热潮汐成分的迹象。

按照惯例，风是根据来的方向来描述的，而不是吹向的方向，因此西风是从西向东吹的，东风是从东向西吹的。在像地球这样倾斜的行星上，旋转方向是从西向东，西风是顺风，东风是逆风。[3] 超旋转仅仅指旋转速度是快还是慢于下面的固态行星或核心。金星并不是唯一一个显示超旋转的行星。木星和土星在赤道上同样表现出超旋转，但在高纬度地区则不然。地球的上层大气偶尔也会表现出超旋转。

金星的超旋转之所以不同寻常，并不是因为它的绝对风速，因为在地球上，中纬度西风带的喷射流速度是金星风速的两倍（远远超过500千米/时），而是因为金星风速相对于地球固体的异常高速度。在地球上，中纬度西风带的大气超旋转被热带东风带的超旋转平衡到几个百分点以内。这意味着地球大气的净角动量与地表共同旋转的大气的预期角动量相差几个百分点。在金星上，超旋转的赤道地区携带了超过十倍的角动量。

相当令人惊讶的是，第一张由航天器拍摄的金星反射白光图像，与地球上用望远镜观察的视觉观测者所看到的相符，这张图片是2006年由美国航空航天局的"信使号"航天器在前往水星的途中拍摄的，没有什么值得注意的细节，再次说明了为什么地球上的视觉观测者发现他们对金星的研究信息量如此之小。显然，他们所看到的大部分，尽管可能不是全部，都是虚幻的。

我们现在对金星的云层只了解一点点。云层在不同波长下呈现出不同的形态，至少在紫外光下似乎有一个重复的模式。硫酸云层，无论在紫外线下还是在更长波下都显著可见，在表面65～70千米处，温度约为-43℃（-45.4°F）。在这些云顶之上，弥漫着小颗粒的烟雾。云层几乎从东向西移动（这和固体行星在赤道附近100米/秒旋转的速度相同，在中纬度通常增加到120米/秒）。虽然据报告，作为风向的云运动随时间而变化，但目前尚不清楚这种变化是真实的，还是随采样相位角或云高度而变化，由于同时进行的

金星上的涡旋环流（左图，来自金星快车数据）与地球上的热带气旋/飓风之间的动态和形态相似性。鉴于测量金星深部大气环流的挑战，形态上的相似性为理解维持金星大气超旋转的过程提供了线索。

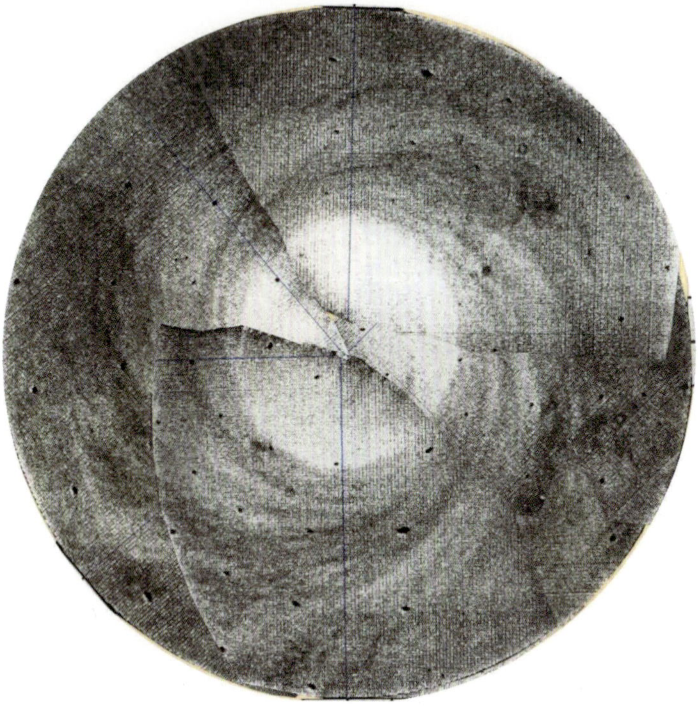

金星南半球的时空合成图，由“水手10号”图像构成，显示位于南极上空的大气涡旋组织。

热结构测量太稀疏，无法揭示云层运动水平上随纬度的预期温度变化。

在高纬度地区有大规模的喷流，每个半球有一个约在45°处，这种喷流也是可变的；明亮的环状结构或极涡（视觉观测者熟悉的极顶域“尖顶”背后的现实）。有时极射流完全消失，云顶跟随刚体旋转。弗纳·素美和桑贾伊·利马耶首先表明，全球云层由两个巨大的涡旋环流组成，位于行星的每个旋转极上。[4] 这一结构是基础的，在随后的所有观测中都注意到了，它在动力学和形态上与地球上的热带气旋/飓风相似。[5] 高分辨率视图显示，云盖在上午区域几乎呈层状（无涡）流，但在下午的低纬度区域则变得斑驳。这种结构与太阳加热产生的对流云是一致的。低纬度斑驳的云层似乎没有特别的排列或方向，但随着它们向极地迁移，它们被剪切，从块状云层延伸成线状条纹状云层，中高纬度云带成为主要的云带形式（云带倾斜度与剪切应力和云带漂移到中纬度的时间有关）。[6]

硫酸在金星云层中的作用

我们知道金星大气的主要成分是二氧化碳（96%，其次是氮气3.5%，一氧化碳、氩、二氧化硫和水蒸气一共少于1%）。奇怪的是，大气在整体成分上似乎没有很好地混合在一起，但是，在60千米以下，氮丰度随海拔的变化有2%左右。二氧化碳是一种无色气体。另一方面，云顶是淡黄色的，所以它们显然是由其他东西形成的——而其他东西主要是硫酸滴（我们现在知道，有盐酸和氢氟酸以及其他疑似盐的痕迹）。

1974年2月7日，“水手10号”在前往水星的途中，用紫外线滤镜拍摄了金星上层的紫外线标记。这个白色条带，与行星底部的深色项圈接壤，相当于格鲁修森的极地帽和项圈。

左图：1974年2月7日新处理的“水手10号”图像版本，使用带有存档数据的现代图像处理软件制作。这是通过宇宙飞船的成像相机，使用橙色和紫外线光谱滤光片拍摄的图像组合而成的假彩色合成物。右图：增强对比度的版本。

在地球上，硫酸是酸雨的一个重要组成部分，它是在大气中氧化二氧化硫，在主要与人类活动和火山活动有关的水的存在前提下形成的。在金星上，大气中存在二氧化硫；然而，众所周知，大气中二氧化硫在云层上的丰度在几十年的时间里各不相同，因此有人推测，二氧化硫可能来源于仍在地球表面活动的火山。金星上的活火山要像地球上的维苏威火山、克拉卡托火山或皮纳图博火山那样爆发，就需要喷发力和相当数量的水，否则它只会像地球海底的火山那样，让熔岩缓慢地渗出地表。

虽然我们可以想象硫黄气体和二氧化硫在大气中上升并结合形成硫酸液滴，但由于云层位于地表48～70千米高处，很难把它们上升到这样的高度，特别是因为二氧化硫比二氧化碳和氮要重得多，而氮是金星大气的主要成分。目前，这些问题仍然没有完全解决；我们甚至不知道云和云粒子中混合的吸收体的性质和身份，可能有某种硫铁化合物，还可能包括微生物。

无论在高海拔发生什么情况，我们从航天器中得知，在低海拔地区都可能发生硫酸雨，但是大气温度在云层下迅速变得如此炎热，以至于水滴在到达地面之前就已经蒸发殆尽。在不到31千米的高度（按体积计算包括90%的大气层）上，尽管报告显示有些薄雾层，大气仍是清晰的。

越过暗面

直到1983年，戴维·艾伦和约翰·克劳福德在新南威尔士州赛丁泉天文台测试英澳望远镜时，偶然发现了一个新的红外探测器。[7]他们在1000～2500纳米拍摄的图像显示出类似于在反射太阳光中看到的紫外线特征。这些特征可以理解为是由于上层云层的不透明度不同，因此来自下层大气层和表面的一些热辐射能够以某些波长逃逸到太空。[8]

“伽利略号”“金星快车”和“破晓号”任务利用这些允许来自下层大气和地表辐射逃逸的窗口（在1100纳米、1180纳米、1270纳米、1740纳米和2300纳米处）来观测金星夜侧云盖。在1100纳米附近，来自地表的热辐射能够从厚厚的云层中逸出，而在其他窗口波长中逸出的辐射则来自地表上方10～30千米之间的高度。金星表面1000纳米处的第一张图像是1991年用米迪比根100厘米望远镜从地球拍摄获得的。[9]自那时以来，许多业余天文学家利用小得多的望远镜也能够获得同样的结果。

金星表面也通过这些窗口，由金星快车轨道飞行器上的可见光和热成像光谱仪和金星监控摄像机成像。这些观测结果导致研究人员对金星上最近的火山活动进行了搜索。[10]然而，由于金星快车极偏心轨道不适合覆盖这颗行星，因此，这些结果具有提示意义，而没有结论性。特别是“破晓号”

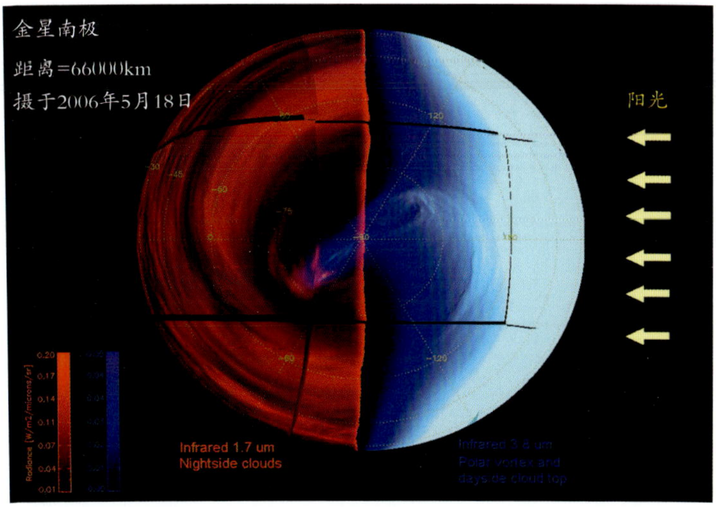

这张金星的全局图是由可见光和红外热成像光谱仪于2007年5月18日在欧空局“金星快车”上拍摄的几张图像拼接而成。这些图像是在1.7微米（左）和3.8微米（右）波长下获得的。用于获得左半球合成图的波长（1.7微米）提供了较低大气层（约45千米）的夜间云的全局图，而用于获得右半球合成图的波长（3.8微米）提供了白天云顶（约6千米）图。白天（右半）低纬度部分由于3.8微米的反射太阳辐射而饱和。大致集中在南极的半球涡旋在图像的中心可见。虽然云层的波长通常比紫罗兰色更淡，但金星的夜侧在各种尺度上表现出令人难以置信的细节和令人费解的形态。

的数据显示夜间云层非常活跃。可悲的是，几个月后，1微米和2微米相机都停止了返回数据，而紫外线和热敏相机则继续返回2021年10月的数据。

尽管这些图像揭示了云层的水平或空间细节，但仍需要通过大气层下降到表面的探针，以提供关于云层的垂直结构的详细信息。然而，由于探测器以非常高的速度进入大气层后，只有以接近终端速度下降的速度才能收集数据，因此这些调查工作一直受到限制。所以，观测一般从大约64千米开始，错开云层的最顶层和海拔高达90千米的上空的薄雾，这是根据过境观测和各项金星快车观测确定的。[11]

目前，关于从64千米到地表的云垂直结构的最佳现有数据仍然是金星着陆器、“先锋金星号”小型探测器以及“织女星1号”和“织女星2号”气球的数据。这里的一幅图显示了“先锋号”探测器与“金星9号”数据中5个地点垂直结构的比较。虽然探测器在一天的不同纬度和不同时间对云层进行采样，但后向散射结果一般显示3个主要的云层：57～68

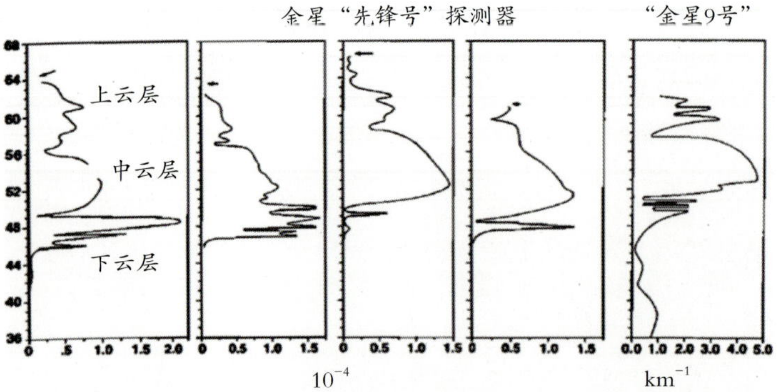

1978年12月，投入金星大气层的4个先锋号金星探测器以及“金星9号”探测器显示云层覆盖层。虽然这些是在一天的不同地点和时间进行瞬时测量，但一般结构相似：上层小亚微米半径粒子、中间层的小约1微米半径粒子、下层云的含有1微米半径粒子和较大粒子的混合物。

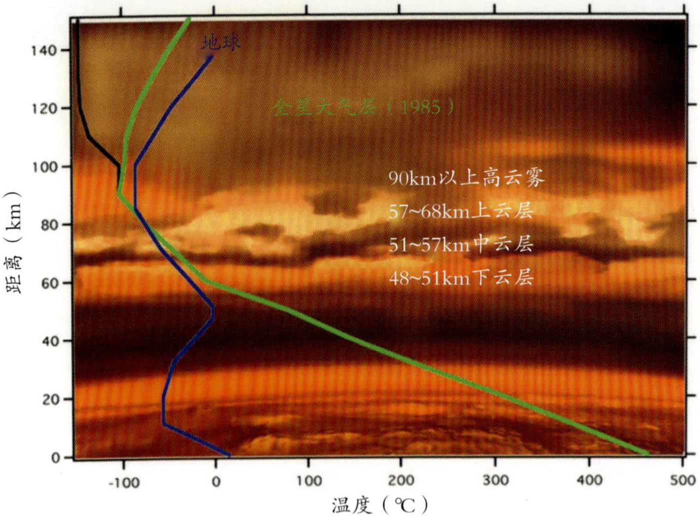

基于“水手号”“先锋金星号”复合探测器、“织女星1号”和“织女星2号”的数据，得出的地球和金星的大气层剖面图。

千米的上云层、51～57千米的中云层和约48～51千米的下云层。每一层由具有特征尺寸的粒子组成，上层的直径约为20纳米，下层的直径约为100纳米。然而，也有更大的粒子存在，直径高达30 000纳米。较小的云粒子据信由硫酸水溶液组成，浓度随海拔升高而降低，但其他化学品也存在，甚至可能如后所述，由微生物充当冷凝核。

关于金星云层的开放性问题

目前尚待回答的最重要的问题是，关于流云中吸收体的身份问题，这使得韦尔纳·索米将其称为“积云沥青”（如果二氧化碳聚合物和石墨成为吸收体，这个名称可能仍然合适。由日本行星科学家清水美纪夫提出）。[12]

我们还想知道金星是如何与水星不同地保持大气的；表面压力如何变化；以及为什么与地球和火星不同，整个星球被云层所覆盖而不间断（以及这种情况持续了多久）。[13] 亮斑和暗斑是由什么构成的？一些探测器观测到的云层下方的气溶胶是什么？云模型面临的一个挑战是，它们必须同时传递太阳热辐射能和行星热辐射，以保持表面温度明显偏高。是什么原因导致夜侧的局部不透明度改变，从而在夜侧图像

由“破晓号”轨道飞行器拍摄的283纳米、365纳米和202纳米反射光图像的彩色合成图。蓝色极地纬度（图上和图下）是由于云顶凹陷造成的2.02微米图像中二氧化碳的吸收。粉色和黄色描绘了二氧化硫（吸收量在283纳米）和某些未知吸收体之间的差异，这些吸收体导致了365纳米图像的出现。

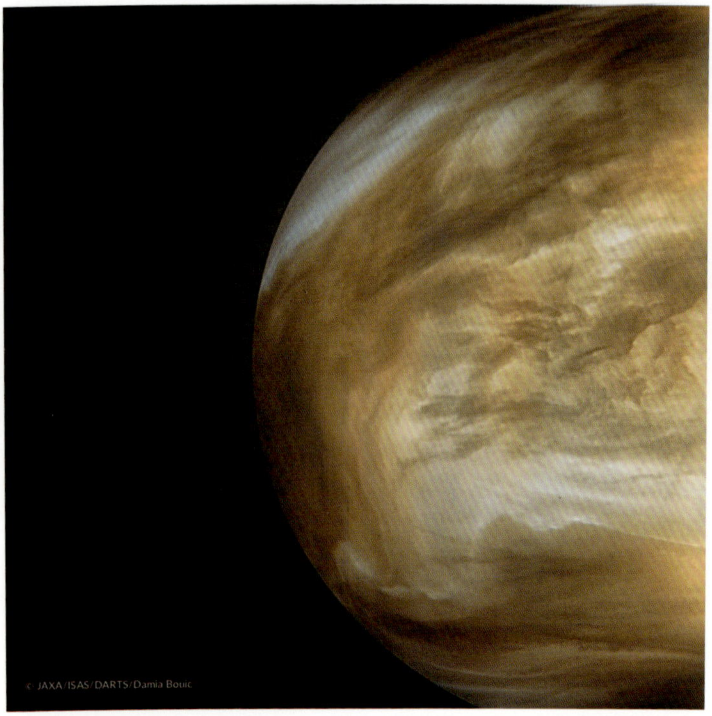

这张照片显示了热红外线的金星夜侧。这是利用“破晓号”在1740纳米和2260纳米两种波长下的数据制作的伪彩色图像。较暗的区域表示云层较厚，但颜色的变化也可能表示云粒大小或组成因地而异。

中形成观测到的对比度？

综上所述，在“水手2号”问世近60年后，我们对金星的大气层了解甚多。失控的温室效应解释了表面温度高的原因。

尽管许多细节尚待研究，大气层上部环流异常剧烈的机制现在已得到普遍理解。其主要成分已被大致了解，但是次要成分和微量物种的丰度仍然令人困惑、定义不清。云层的组成也没有得到充分解释。紫外线对比的性质尚不清楚，而造成这种对比的吸收体的身份已被证明是难以捉摸的，并且仍然关于该行星最引人入胜的问题之一。

也许关于金星的最重要的问题是，它是否曾经在其表面有液态水？如果有液态水，那么当金星升温到它目前477℃（750K）的高温表面时，水是如何消失的？虽然有些发现表明金星曾经有过液态海洋，但另一些人则认为它从未有过液态海洋，而且金星一直处于高温和干燥状态。不幸的是，这些模型对初始条件和假设非常敏感。今后对目前计划中的稀有气体及其同位素丰度的测量可能最终提供答案，并确定暴露在古代地形中的岩石组成。那么，也许可以明确地说出为什么地球和金星的进化路径在过去产生如此明显的分歧——这是太阳系天文学中一个巨大的未解问题。

由于保留了浩瀚的海洋，地球在一段时间内将不再像金星那样炎热——尽管最终，当太阳进入其进化的红巨星时期时，我们星球上的海洋也将沸腾而消失。这种情况在今后50亿年内不会发生，因此我们有足够的时间来修正我们的计算。但最终，在金星，也或许是地球，被太阳系即将死去的恒星膨胀的大气层吞噬之前，我们无法摆脱金星上已经存在的炎热条件。

第八章
金星的表面

说到神秘！想一想我们自然中的生活——时时显现的生物，与之接触显现的……坚实的大地！真实的世界！……接触！接触！我们是谁？我们在哪里？

——亨利·戴维·索罗（Henry David Thoreau）

金星的表面就像地球一样，也是先从地表以很高的分辨度绘制，然后才得以从广阔的鸟瞰视角进行观察。就地球而言，在过去60年里，我们一直被地表或地表上方的空气包裹。众所周知，地球是由岩石、山丘、湖泊、海洋组成的，我们看到的风景是我们熟悉的栖息地。就金星而言，尽管我们把它看成是天空中的球体，但是我们的视线却被金星浓厚的云层限制。除了通过雷达（1970年戈德斯通雷达的分辨率只有10千米，阿雷西博雷达的分辨率只有3千米）探测外，“维加9号”“维加10号”在47千米的高空俯冲云层，到达熔岩平原和金星表面的岩石。在这次高分辨率的金星观测中，苏联是领先者。金星被称为“俄罗斯行星”是有道理的。[1]

从1961年“金星1号”开始，经过几次失败之后，他们第一个真正成功的是“金星4号”。1967年10月18日，它成为第一个发射金星大气层数据的探测器，当时“金星4号”在离地面约30千米的充满严酷温度和压力下的云层中降落。“金星5号”和“金星6号”的设计相似，性能更强，它们到达地面之前还是失败了。1970年12月15日，“金星7号”终于到达了地面，并到达地面后继续传送数据。它直接证实了先前探测器推断的高表面温度和气压力（约470℃，90个地球大气压）。1972年7月，“金星8号”随之而来。除其他仪器外，它第一次携带光度计。这表明金星云层达到62千米以上的高度，低于这一水平的大气层相对比较清晰。此外，它表明金星表面光线水平足以成功成像，与地球上阴天大致相同，能见度约为1千米。这一点已成立，首次从该星球收到的地面图像的道路就畅通了，由“金星9号”于1975年10月22日和“金星10号”于1975年10月25日完成。这些图像是用扫描辐射计制作的，就像后来的火星上的海盗号图像一样。

“金星9号”和“金星10号”着陆器在地表上都存活了不到1个小时，直到失去电池供电。由于着陆地点相距较远，它们捕捉到的全景图显示出相当明显的景观。“织女星9号”降落在一个倾斜的平原上，因此只能在右上角看到地平线；降落地点是一个由几厘米到几十厘米宽的岩石和一些粗粒土壤组成的碎片场。值得注意的是，这比阿雷西博雷达图像的分辨率提高了十几倍。相反，“金星10号”显示出更多的平顶岩石和细粒土壤。值得注意的是，这两种情况中遍布金星的岩石都是火山岩和玄武岩。

1982年3月1日登陆的“金星13号”和几天后到达的“金星14号”在福柏台地的高原地区以东降落。“金星13号”进行了2个多小时的操作，“金星14号”进行了大约1个小时（着陆器在地表上的计划设计寿命只有32分钟）的操作。它们比先前的着陆器有了很大的进步。每个探测器都

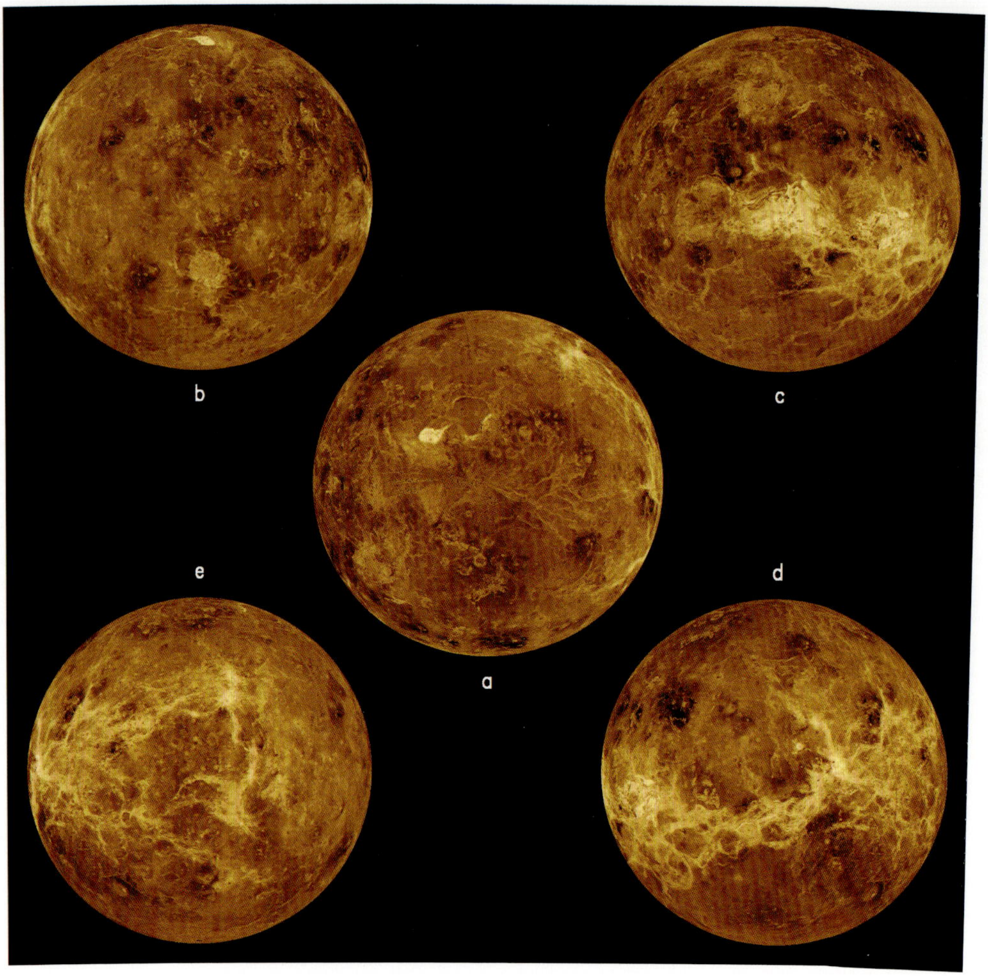

“麦哲伦号”在1989年5月搭乘“亚特兰蒂斯号”发射升空，于1990年9月开始绘制金星表面的地图。中心图像（a）位于金星北极的上方。其他4幅图像以赤道为中心：（b）经度为0°，（c）东经90°，（d）东经180°，（e）东经270°。极地视图中，靠近中心的明亮区域是金星上最高的山脉麦克斯韦。奥夫达地区以（c）的中心，阿芙罗狄忒台地的地形由密集排列的构造单元构成，位于（d）。奥夫达地区和泰勒斯地区位于最左侧，而中心右侧是贝塔地区，两座盾构火山是奥扎山和玛特山。

艺术家对于金星表面的“织女星号”太空舱的构想

使用装有石英相机窗口的双色相机，以获得着陆器对面的表面全景图像。其他仪器包括一个机械钻臂，用来收集土壤样本，以及能够记录大气噪声的声学麦克风。[2]“金星9号”和“金星10号”着陆器携带杯式风速计来测量风速。表面风速估计在0.3～0.5米/秒之间，尽管速度缓慢（相当于风速不到2千米/时），但大气层的大气质量却给了它们相当大的重量。美国国家航空航天局在1978年12月发射的先锋金星多探测器任务中部署了四个大气探测器，其中一个它从地表继续传输数据一个多小时。1985年6月的一个晚上，苏联的两艘探测器分别部署了一个气球后，在午夜时分着陆。

在轨运行雷达：“金星9号”、“金星10号”、“先驱者”金星轨道飞行器、“金星15号”、“金星16号”和“麦哲伦号”

“金星9号”“金星10号”“金星13号”“金星14号（1981）”“金星15号”“金星16号（1983）”不仅仅是

着陆器，还是第一个金星人造卫星的轨道飞行器的部分。“金星19号”“金星10号”使用32厘米波长雷达去测绘金星的表面，[3]它们的轨道飞行器是在美国航空航天局的“麦哲伦号”任务仍在研制中时发射的，它们也携带了雷达和傅里叶红外光谱仪分别来测绘金星表面和探测被云层覆盖的大气。即使只有金星的很小一部分被测绘了，得到的分辨率也达不到地球雷达的分辨率。

当时从地球雷达上所得到的最好的分辨率（大约100千米的分辨率）展现了金星表面反射率和地形的区域性差异，这仍是一个具有重要意义的进步。自此一个新的使用宇宙探测器雷达测绘金星表面的时代开始了。

介于“金星号”着陆器的极高分辨率图像与地基雷达和“金星9号”“金星10号”粗略测量的中分辨率的视图是由“先驱者-金星1号”拍摄到的。相比“金星号”探测器，

（图）“金星10号”拍摄的金星表面全景。“金星9号”和“金星10号”都停在斜坡地形上，这张全景照片是通过扫描在垂直平面内的地形地貌并使相机绕轴旋转来获取一个180°的视野。因此在画面中心的物体有着最高的分辨率，而地平线位于左右两侧的角落中

未畸变的视图展示了站在“金星9号”位置的人会看到什么。

探测器	“金星7号”	8号	9号	10号	11号	12号	13号	14号	“维加1号”	2号		“先驱者—金星号”			
经度	351.0	335.3	292.6	291.5	299.0	294.0	303.0	310.0	175.9	177.7	4.4	304	317	4.8	56.7
纬度	-5.0	-10.7	31.0	15.4	-14.0	-7.0	-7.5	-13.3	8.1	-7.1	304.0	4.4	-31.2	59.3	-28.7

金星表面探测器着陆位置

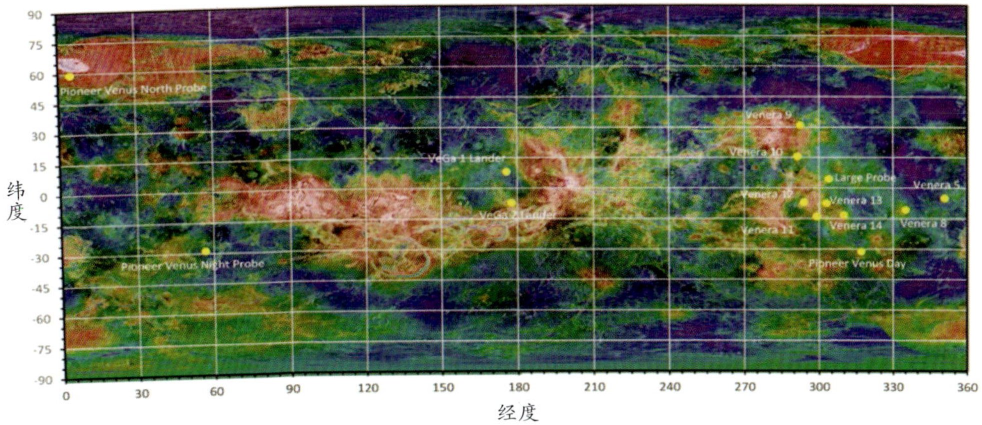

“金星8～14号”的着陆点位置叠加在“麦哲伦/先驱者号/金星号”探测器测绘的地形数据图上。

它装配了更加复杂的设备，在1978年12月4日进入金星轨道后长达5年的任务中获取金星表面的数据。从“先驱者-金星1号”传回的数据中可以整理出一份分辨率约75千米的金星表面地图，显示了金星的地形地貌，只是细节还不足以揭露金星表面的精确特征。它的另一个贡献是发现金星表面没有板块构造的迹象。

“金星15号”“金星16号”探测器

成功完成“先驱者-金星号”任务后，美国国家航空航天局（NASA）发出了一项号召，以执行雄心勃勃的“金星轨道雷达成像计划任务”。由于当时资金紧张，这项任务没有获批。反而让苏联取得了主动权，并在1983年6月发射了两个高分辨率的雷达成像轨道探测器，“金星15号”“金星16号”探测器。它们在1983年10月被送入偏心率极大的极地轨道，相隔一天，并在轨道的近地点处连续地测绘。相比于过去已有的数据，它们的分辨率大幅提升（大约1～2千米），在8个月（恒星公转一圈）的时间里共同测绘了金星北半球9220万平方千米的区域。

“麦哲伦号”金星探测器

“金星15号”“金星16号”任务取得胜利后，美国国家航天航空局取消了原来的“金星轨道雷达成像计划”，重启了金星雷达探测的计划。由此，金星雷达绘图仪（后来更名为“麦哲伦号”）诞生了。

为了降低预算并安抚美国国会，美国国家航天航空局用了“旅行者号”探测器的备用天线，还使用了其他航空任务的备用部件。即便如此，制造成本仍然很庞大，“麦哲伦号”的进展十分缓慢。该计划还要求未来的飞船要使用宇宙飞船而不是一次性火箭发射。不幸的是，1986年1月“挑战者号”宇宙飞船的悲剧加剧了宇宙飞船的发射计划的滞后，而当宇宙飞船重新发射，前往木星的“伽利略号”任务得到了更高优先级，致使“麦哲伦号”任务推迟到1989年5月4日。

那一天，“麦哲伦号”终于启航了。它沿着一条节能但迂回的绕日轨道运行，15个月后也就是1990年8月到达金星。等待之路虽漫长，仍然值得期待。自它进入金星轨道起至任务结束进入大气烧毁的1994年10月期间，“麦哲伦号”完成了对金星大气层下地表的测绘。总体来说，它完成了6个轨道周期，以100～250米每像素的分辨率获得了反射率地图——这远比此前的分辨率高。在这种分辨率下，金星以一种奇特而陌生的面貌出现，不同于太阳系中任何其他类

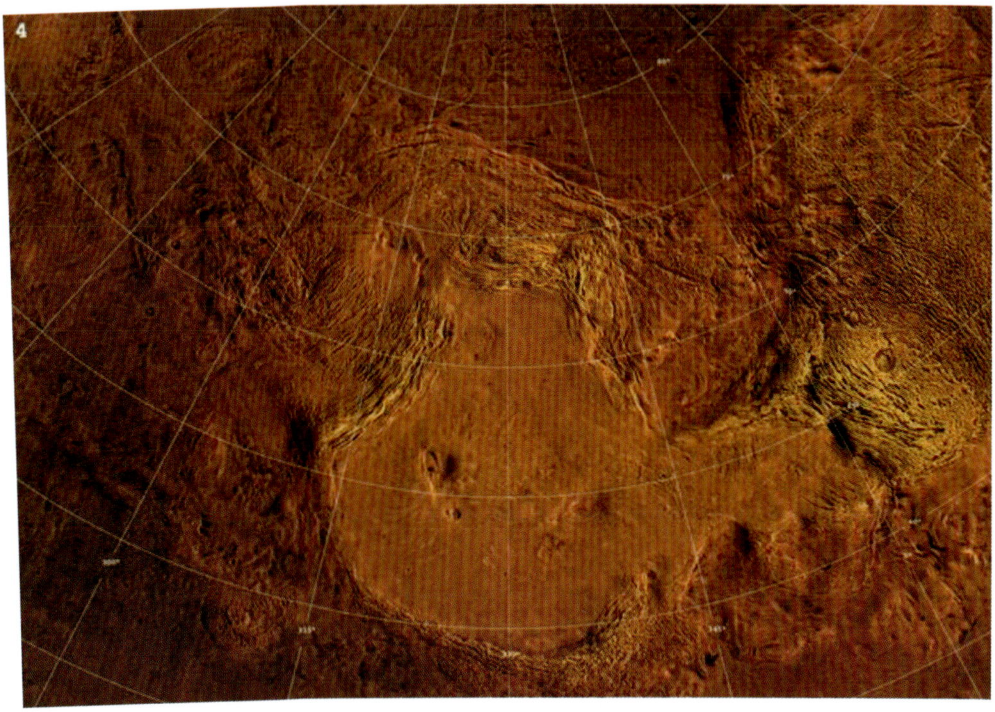

“金星15号”“金星16号”探测器获得的金星北半球一个扇形地区的图像，包含了伊什塔尔台地和麦克斯韦山脉。

地行星，很明显它的表面并不是长期设想的与地球相似的。

需要强调的是，尽管雷达图像与照片类似，但是它们在有些方面是不同的。我们在雷达图像中见到的与肉眼所见不同，尽管两者都是通过电磁波成像，它们使用的电磁波波长范围不同。

在雷达上使用的波（波长几厘米～几十厘米），回波强度取决于照射角度和与波长相当的表面粗糙度，因此，一个粗糙的表面看上去很亮，而一个光滑表面看起来很暗；但在以图像拍摄时，图像的样貌由粗糙度和入射角共同决定，所以使用不同的系统会提供不同的结果。“金星15号”“金星16号”探测器测绘图像时使用了一个平均10°的入射角和8厘米波长的雷达波；而“麦哲伦号”部署了一个侧面雷达，所以它的雷达信号可以在竖直方向变化，使金星表面被从左侧或右侧照射。与此同时，“麦哲伦号”的轨道周期被精确控制，使其周期长于金星的自转周期，这样金星表面的相同区域可以从不同角度多次覆盖，从而使得立体图像成为可能，使得重叠地区的地形分辨率大幅提高。

尽管“金星15号”“金星16号”“麦哲伦号”探测器的数据在图像质量上存在差异，但都说明了金星的表面地貌与其他行星不同。金星上存在我们熟悉的火山与陨石坑，还有其他独有的地形。金星内部存在一个半径约3200千米的熔融铁核，在铁核外层是一层硅酸盐地幔，金星内部热能驱使里面的岩石缓慢对流，地幔上覆盖一层薄薄的地壳，它被地幔控制、拖曳。因此，地壳随着地幔的变化而膨胀和移动，并在各处堆积形成高原和山脉，抑或是上涌造成火山和裂谷。

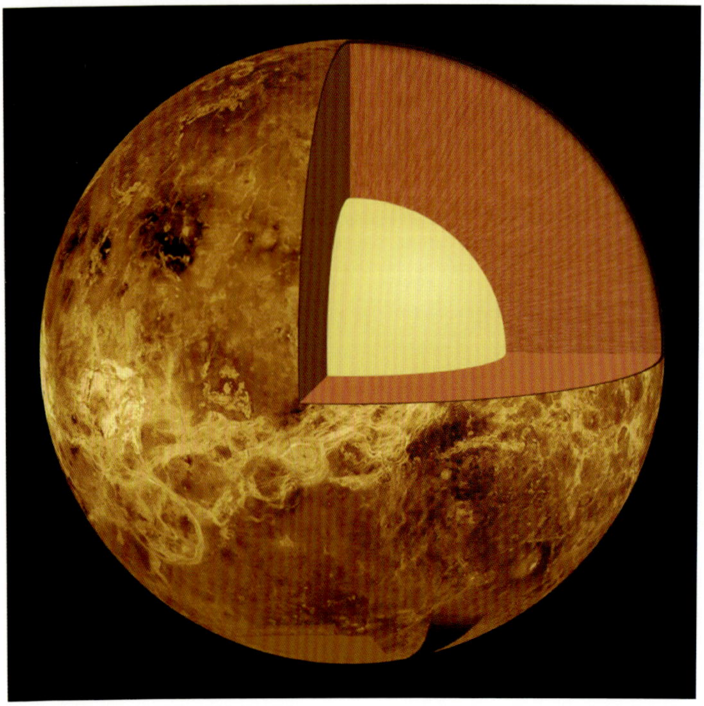

一幅金星剖面图。由于缺少可用的金星地震数据，这份模型仅仅只是理论上的，基于地球和金星的特征，如密度相似提出。据推测，像地球一样，金星至少有一个熔融铁核在中心，外层是一层硅酸盐地幔，里面有像黏性流体一样流动物质（并可能部分融化产生地幔柱），这种流动只有在地质意义的时间段中才能被发觉；最外层是一个地壳。在金星上没有板块构造的迹象，可能是由于金星地壳的强度过大以至于在缺少液态水润滑作用下无法制造俯冲带。

金星表面概览

“金星号”探测器和“麦哲伦号”探测器显示了金星表面很大一部分都被熔岩流所覆盖，这些熔岩流来自火山喷发，并且在覆盖金星表面之余塑造了沟渠和山谷等复杂结构。数以百计的此类构造可以与从“麦哲伦号”的数据中被识别出来的数千个金星火山口相联系。在金星上发现的沟渠和熔岩管与地球上的那些相像，而不同的是，金星上的这些地形的规模更大，这大约是因为金星上的岩浆湖中发现的低黏度玄武质岩浆十分易于流动，并且在金星的高温环境下要花更多时间来凝固。一些沟渠结构简单，如同月球上的沟渠，然而其他一些被称作canali的沟渠由明显的宽沟渠组成，其中最长的绵延了金星周长的1/6；还有一些沟渠结构复杂，形成了类似火星上的网状沟渠；另一些沟渠则蜿蜒曲折，并在末处形成了三角洲和湖泊。

总的来说，金星表面的80%是光滑的火山平原。同时，即使相比于表面满目疮痍的月球、水星和火星，金星表面的撞击坑也相当少，它表面的破火山口和撞击坑的形态结构仍然十分明显。

金星上的陨石坑与太阳系其他天体上的明显不同，最重要的区别是，金星上的陨石坑的侵蚀作用不明显，以及金星表面不存在小型陨石坑。地球上的陨石坑由于风蚀和水蚀作用已经基本消失；而月球和水星上的陨石坑已经在后续其他的陨石撞击事件中退化。虽然金星表面随机散布有数百个直径达到280千米的陨石坑，但却没有直径小于3千米的陨石坑存在。[4] 这是因为更小的陨石在到达地面前就已经在它浓密的大气层中完全燃烧分解了。许多陨石坑的喷溅物明显发育不良；在月球上的那些巨大的射纹系统无疑都不与月球上那些喷溅物可伸展数千千米远的新陨石坑相联系。而在金星上，喷溅物的覆盖区域是一种温和的圆形，这使它们看上去像飞溅的图案——而这正是它们的本质所在。从撞击事件中喷出的碎片在穿过金星稠密的大气时表现得像流体。金星撞击坑并没有受到液态水或冰的侵蚀；而且，即使风蚀不可避免，但它看上去并不对陨石坑产生作用。

撞击产生的碎片在穿过密集的金星空气时表现得像液体一样。金星的环形山并没有受到液态水或冰的侵蚀，虽然一定会发生风蚀，但它似乎并不是很有效。这些陨石坑不仅是以不受侵蚀的形态出现，它们实际上还十分年轻。从“麦哲伦号”的图像中数量较少，且分布均衡的陨石坑中可以看

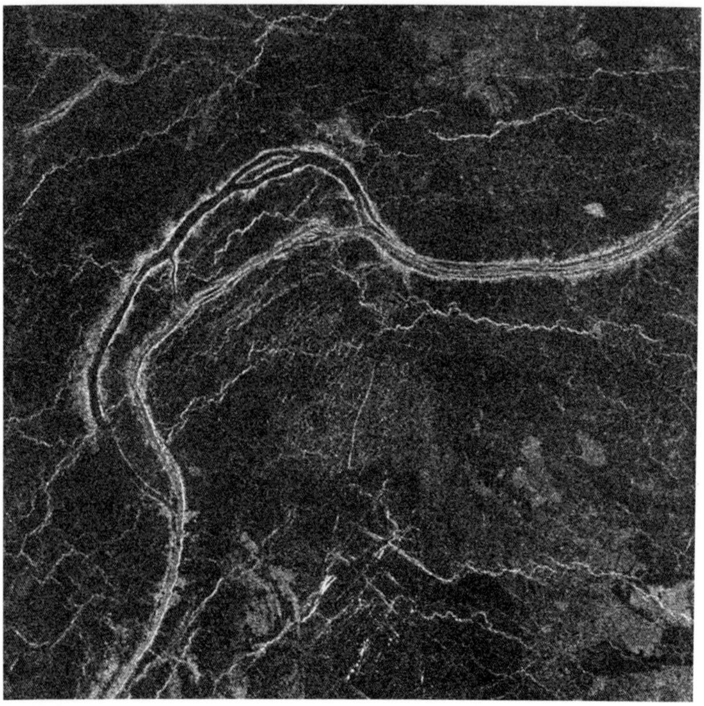

在这幅赛德娜平原地区的图像的左侧，来自300公里外的阿玛瓦鲁火山口（且在画面外）的熔岩从正中偏左的山脊上溢出，并在右边更远处堆积。可以看见一条2千米宽的通道。

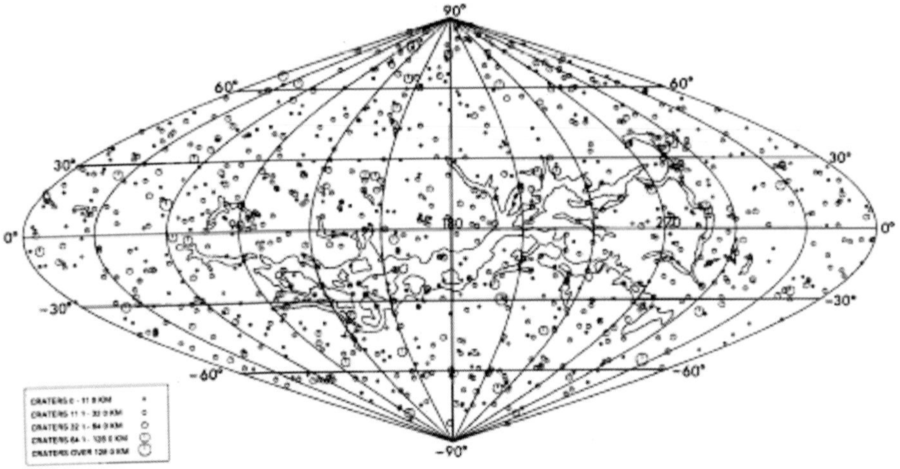

金星上陨石坑的分布。来自沙伯等人刊登在《地球物理学研究杂志》第九十七刊（1992）上的文章“金星上陨石坑的地质分布：它们在告诉我们什么？”

出金星表面的平均年龄在3亿年到7亿年间。[5] 全球地质测绘表明，地质记录的大约前80%~90%在表面的重塑过程中丢失，随后的地质历史由不断减弱的构造作用和火山作用塑造。[6] 任何年龄超过8亿年的陨石坑都可能被所谓的“灾难性的全球表面重塑事件”消灭，该事件将整个古老的金星表面埋藏在熔岩流之下。[7]

不可否认的是，一些调查人员怀疑离散的表面重塑事件是否存在，他们相信火山活动是不间断地进行的。

与许多关于金星的问题一样，这个问题目前仍然悬而未决。金星表面的80%由火山平原组成，其中70%含有低而弯曲的山脊，类似于月球表面的“海”上发现的皱脊；其余称作叶状平原的部分由众多独特的熔岩流所塑造。金星表面的其余部分则由高地组成，最早在20世纪60年代的地基雷达地图上被发现，那时它被错误识别为“大陆”区域。金星上有两个主要的高地区域，第一个是伊什塔尔台地，位于约北纬60°；另一个被称作阿芙罗狄忒台地，它靠近赤道，但更

直径274千米的玛格丽特·米德陨石坑，位于阿芙罗狄忒台地北部和艾斯特拉地区东部。这是一个多环陨石坑，最里面的同心圆陡坡被解释为是原始陨石坑洞的边缘；在雷达图中显得十分明亮的丘状火山口喷出物覆盖在雷达图中显得暗淡的地面阶地之上，并与外缘的陡坡相邻，这表明地面阶地可能是一个巨大的旋转块。它与原始的空腔同心，并在其外部。“麦哲伦号”1990年拍摄的照片。

向南半球突出。

这里讨论一些命名方式。国际天文学联合会赞成的惯例是给一切事物起女性名字。在这个公约被采纳的20世纪70年代末，这对仍然主导行星科学研究的男性科学家来说看上去是一种礼貌的姿态，虽然这在现在回想起来更像是沙文主义。但是，无论是好是坏，这些命名现在都已无法改变。火山口以历史上著名的女性来命名；阿芙罗狄忒是古希腊的女英雄；峡谷以狩猎女神或月亮女神命名；而山脉可以以任意类型的女神命名。但是有如下3个例外。

地基雷达时代在阿芙罗狄忒台地上发现的两个高低地区现在仍然称作阿尔法地区和信他地区；而在国际天文学联合会提出的规则被采纳前发现的伊什塔尔台地上的山脉，被命名为麦克斯韦山脉，它以无线电和雷达的基础——电磁理论的创始人、苏格兰物理学家詹姆斯·克拉克·麦克斯韦命名。因此，麦克斯韦是——而且毫无疑问将继续是——唯一一位有殊荣在金星上留名的男性。

国际天文学联合会提出的另一项公约是关于金星上的本初子午线，它决定了金星上的经度。

当然，这个选择是完全随意的。起初，在地基雷达时代，它穿过一个现在被称作“夏娃”的椭圆形特征。但现在，它已经向东移动了60千米。它现在被定义为穿过23.6千米宽的阿里阿德涅陨石坑的中央山峰。

如果你想从金星地图中定位某物，从北半球的伊什塔尔台地开始是很实用的。伊什塔尔台地最先由金星15号、16号探测器揭露其详细特征。它的面积与澳大利亚或是美国本土相仿；西部是高耸的火山高原，被称为拉克希米高原（Lakshmi Planum，以印度财富女神命名）。它宽2500千

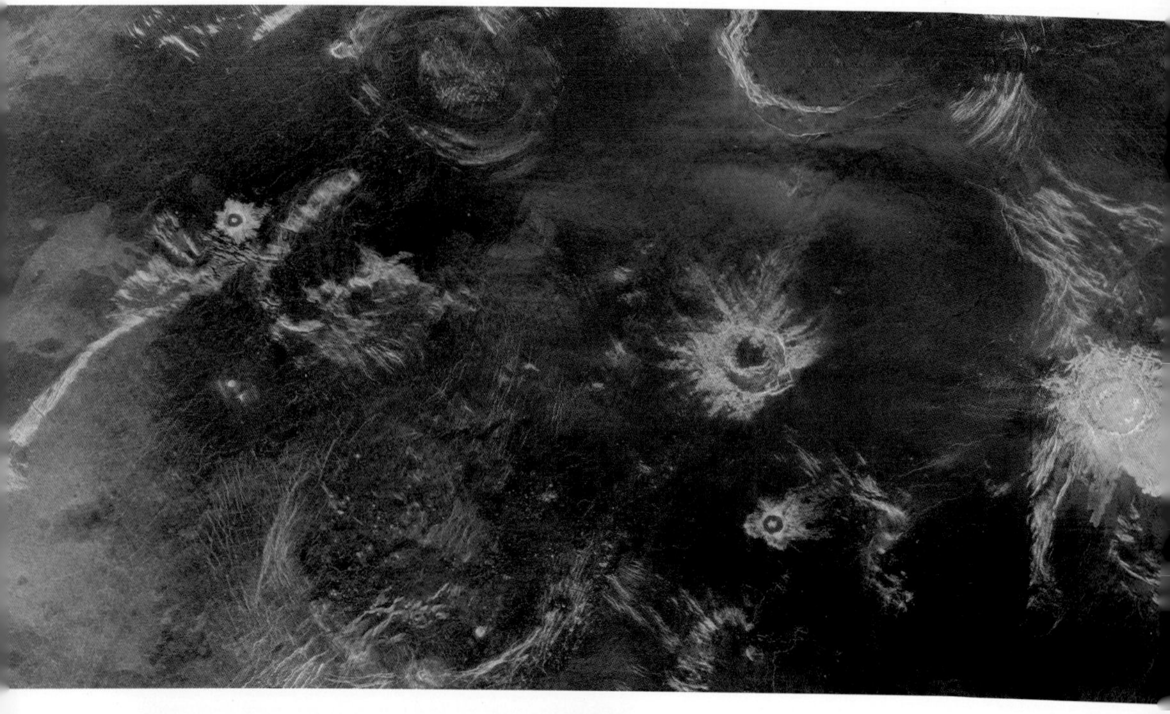

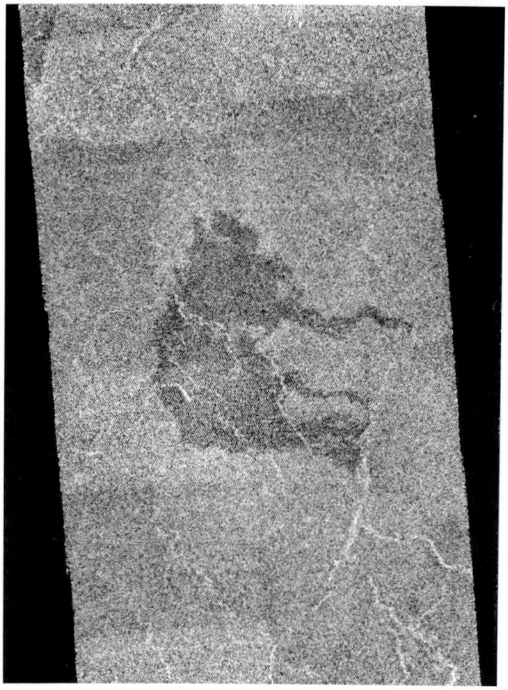

展示了各种各样结构的四个陨石坑。左边是直径29千米的阿勒惠支，有一个突出的中央山峰和一个几乎延伸出一个直径的长度的喷溅物层。在中间偏下的是直径33千米的Callihoe,它也有一个突出的中央山峰，并以向东的交织的沟渠阵列为特色。Callihoe以北是Maria Celeste（直径97千米），它的内部是一个环形的山脉，而不是一个中央山峰，它也显示出一个辫状的喷溅物，其中大多数沟渠从陨石坑向北伸展。最右边是Greenway（直径92千米），与其他三个较暗淡的陨石坑不同，它的表面十分明亮，这在雷达图像上意味着地面更粗糙而不是光滑。明亮的（粗糙的）物质从陨石坑流出，向东南方向形成叶状扇形，这可能是在较老的陨石坑位置开始的火山活动的结果。

这幅“麦哲伦号”拍摄的图像覆盖了75千米×45千米的区域，显示了火山熔岩流覆盖在周围平原上更明亮，很可能是更古老的熔岩流上。一些昏暗的熔岩流终止于图像右侧狭窄且弯曲的明亮地貌上，这被假定是它们起源于沿着这一明亮地貌中的裂隙处的喷发。这张条带状照片是从“麦哲伦号”开始测绘的第一圈轨道上的数据人工处理得到的。

包括了阿芙罗狄忒台地的金星的东半球被展示在这张金星表面的简单圆柱形投影地图上。图像的左边缘位于东经52.5°，右边缘位于东经240°，而它的顶部和底部分别位于北纬90°和南纬90°。麦哲伦号的合成孔径雷达在麦哲伦号第一圈测绘时测绘的马赛克数据被映射到矩形经纬度格网上。数据间的空隙中被填补上了先驱者-金星号的测高数据，或是从空隙两侧的数据中取平均值。这张地图还采用了模拟色彩以增强它的小尺度结构。模拟的色调基于苏联“金星13号”“金星14号”拍摄的金星表面彩色图片。

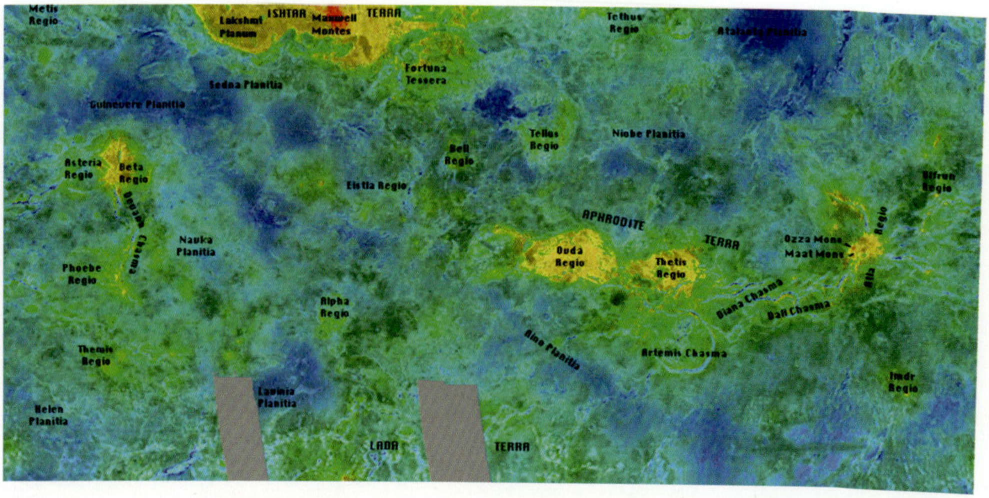

根据麦哲伦号测高数据绘制的金星地形图，显示了金星上的一些主要特征。海拔最高的区域为黄色；海拔中等的区域为绿色；海拔最低的区域为蓝色。

米，高3千米。因为金星上没有海洋，自然也谈不上“海平面”；相反，参考面被人为定义为平均半径6051.2千米处。

拉克希米高原被两个分别叫作柯莱特和萨卡加维亚的火山口所覆盖，并与一连串的山脉接壤。

西部的阿克娜山脉、北部的芙蕾雅山脉和东部的麦克斯韦山脉。所有这些都显示了断层与折叠的清晰证据，这说明那里的地壳受到强烈变形的影响，就像地球上的那些一样。

麦克斯韦山脉是金星上最高的山脉，其中一些山峰比拉克希米平原高出了9千米，或者说，比金星的参考水平面高12千米，这使它比地球上的喜马拉雅山脉还要高。在麦克斯韦山脉的东翼有一个有趣的结构，被称作克娄巴特拉（Cleopatra）。它最初被认为是一个火山口，但实际上它是一个105千米宽的多环撞击盆地。

阿尔法地区是地基雷达发现的第一批离散特征之一，它是金星上另一个有趣的特征。正如金星15号、16号最先发现的一样，这种区域被称为镶嵌地块——它是一种高度扭曲且连接紧密的高原，因受到各个方向的力的作用而变形。

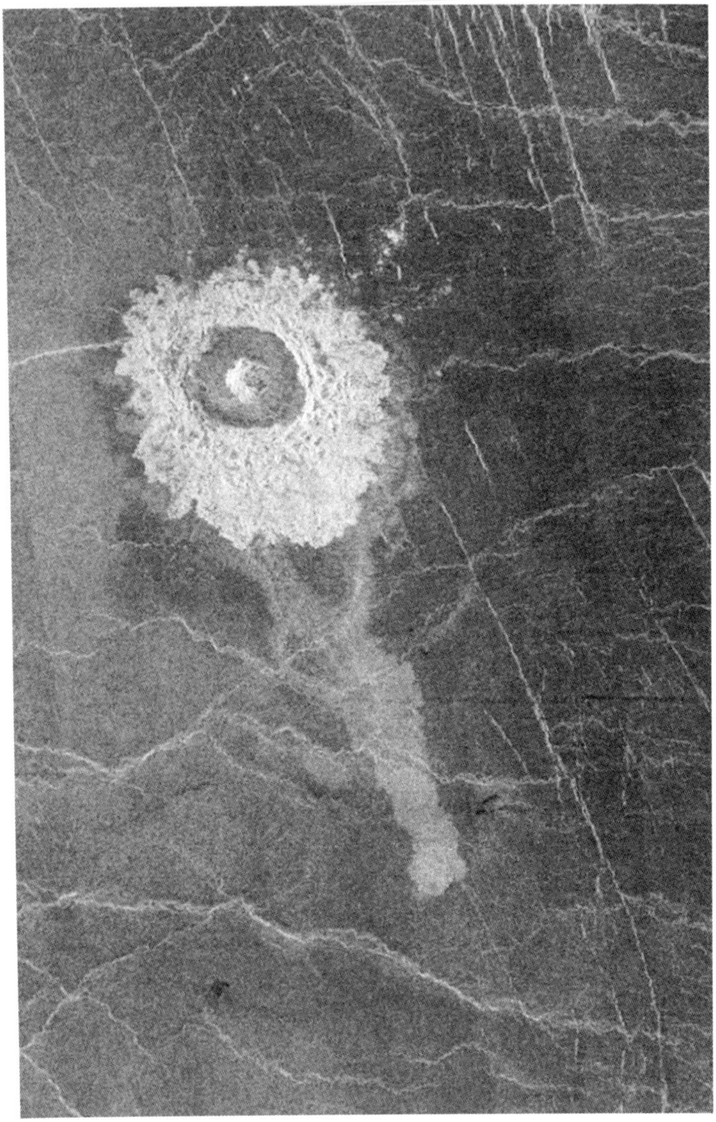

（俄罗斯地质学家亚历山大·巴西莱夫斯基（Alexander Basilevsky）认为这种类型的地貌类似于镶嵌木地板，因此得名镶嵌地块）[8]镶嵌地块地形似乎是地壳的更加古老的一部分自形成起多次变形形成的，并且经常与其他奇特的地貌像是冕状物、薄饼状穹丘或扁锥等相联系。冕状物是一类巨

大的环状结构，大约有30个该种地形是由金星15号、16号在伊什塔尔台地发现的。

每个冕状物包含了一个被抬高，并广泛破裂的区域，被周边的山脊包绕。这可能表明冕状物的地底存在地幔柱，在这些地方，熔融的地幔物质部分地上涌，导致了表面金星地壳的伸展和断裂。与其他大多数同类地貌一样的是，a区域周围的火山平原看上去在它的边缘伸展，这意味着这些平原比它更加年轻。薄饼状穹丘（官方名称为farra或farrum）是一种平顶的结构，它似乎是在非常接近于与金星地壳垂直的上涌羽流之上形成，由一种比普通玄武岩岩浆更加黏稠的熔岩从非常平坦的地面上渗出，又在金星的高大气压下被推出而产生。在地球上，更加浓稠的熔岩流通常与富含二氧化硅的熔岩，像是英安岩或是流纹岩有关，然而这是否适用于金星还是一个未知数；另一种可能是这些熔岩是由玄武岩以异常缓慢的速度喷发而形成。不管怎样，无论它们的形成机制如何，必然为当地的地质条件所特有。“扁锥”则是由山体滑坡而产生的具有平坦凹顶和辐射状山脊和山谷的圆形山峰，有时与成堆的岩屑有关联。事实上有时候这种地貌看上去像是一个具有诸多棱角的隆起的圆顶——这解释了它的名字的来由。

镶嵌地块

同伊什塔尔台地一样，阿芙罗狄忒台地是金星上另一重要的高原，它横跨了金星周长的约三分之一。虽然它在高度上不如伊什塔尔台地，但胜在范围更广。它由三部分组成：西部包含两个隆起高原，奥瓦达和忒提丝；中部被一系列的山脊与深沟切割；东部含有信他区域，它也是早期使用地基雷达发现的。

无论以何种标准来衡量，阿芙罗狄忒高台中部的戴安娜峡谷都是令人印象深刻的。它直径280千米，比平均半径低2千米，比周边的山脊低4千米，标志着整个金星表面的最低点。

邻近的达利亚（Dalia）峡谷或许也是这个系统的一分子。

信他地区有两座大型的盾状火山，Ozza火山和玛阿特（Maat）火山，它们位于一个大致朝向南北方向的断层上，这使人想起夏威夷的盾状火山，像是莫纳罗亚火山和莫纳克亚火山，尽管金星上的火山要比夏威夷的大得多。玛阿特（Maat）火山是金星上仅次于麦克斯韦山的第二高山，也是金星上最高的盾状火山。它的海拔是8千米，比周围的高原还要高出5千米；火山口长31千米，宽28千米，包含了至少5个较小的损毁的陨石坑，其中最大的一个直径约10千米。

各个镶嵌地块在麦哲伦号测绘得的金星地图上的位置

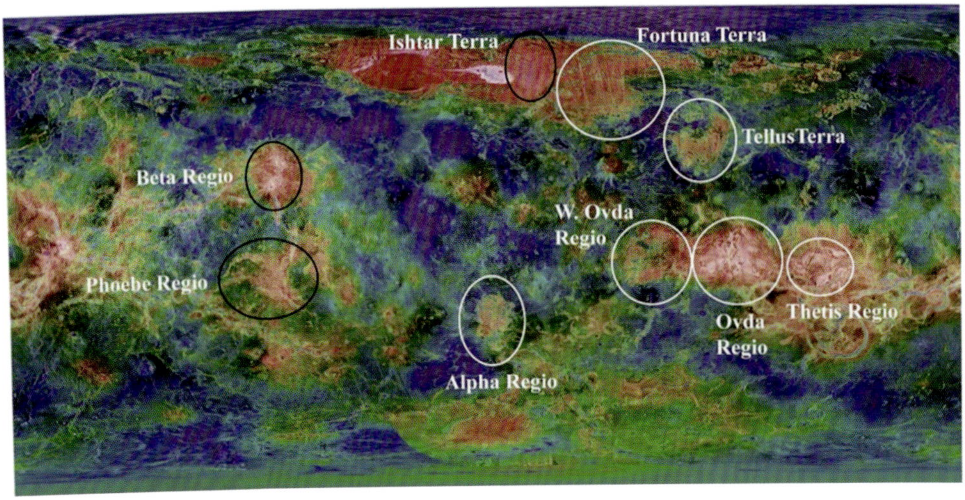

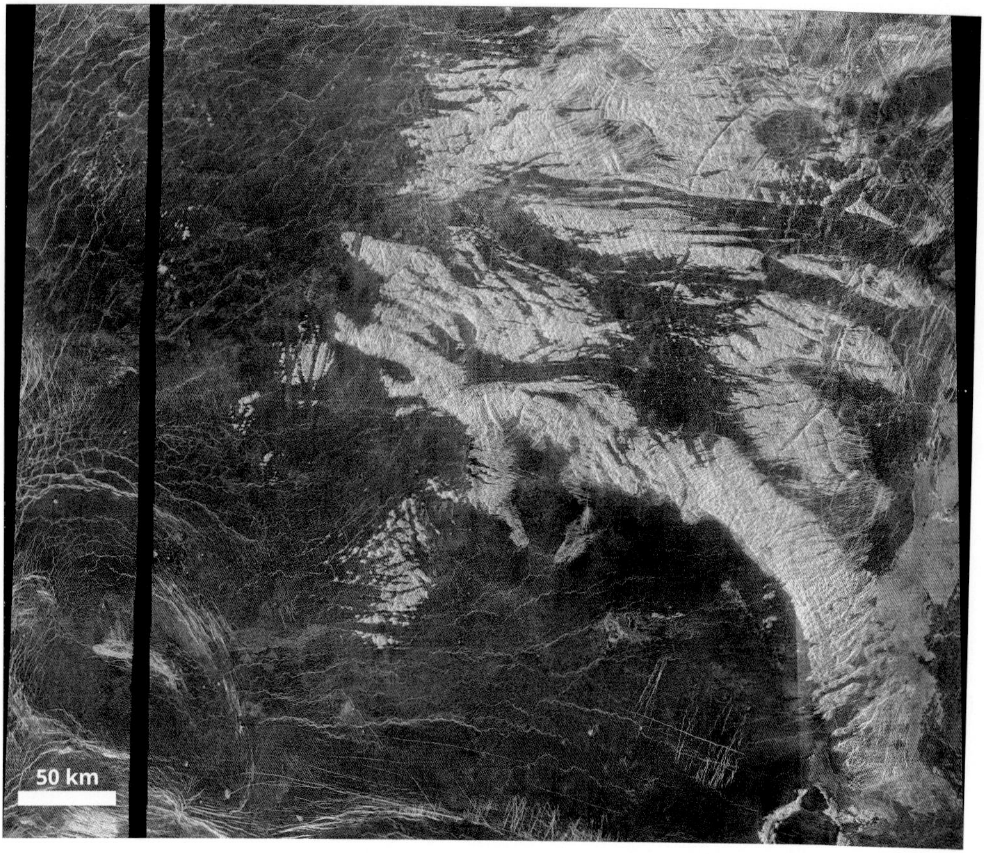

金星上的一个区域，位于福尔图娜镶嵌地块（Fortuna Tessera）东南方。明亮、崎岖的地形是镶嵌地块地形；而两者之间的深色物质是光滑的熔岩平原。平原被多边形的裂缝切割，折叠成褶皱脊。平原上的岩浆流入镶嵌地块中的线状裂缝，表明熔岩平原的形成晚于镶嵌地块。

除了覆盖金星表面的广袤的熔岩流以外，金星上还有大量可识别的火山——它们的数量事实上比太阳系任何其他行星上的都多。这再一次与地球上的火山形成了对比：在地球上，盾状火山有着较缓的坡度，它形成于岩浆从热点喷出的地方：在那里熔岩流动性较高，气体很容易从中逸出，这使得喷发出来的玄武岩岩浆很容易堆积起来。夏威夷群岛就是一个例子，它们是巨大的海底盾状火山的顶端。盾状火山不同于所谓的层状火山或复合火山，如雷尼尔山和圣海伦斯山，它们是由板块漂移构造成的，其中一个板块的海洋地壳在俯冲带中移动到另一个板块的下面；之后，海水流入，产

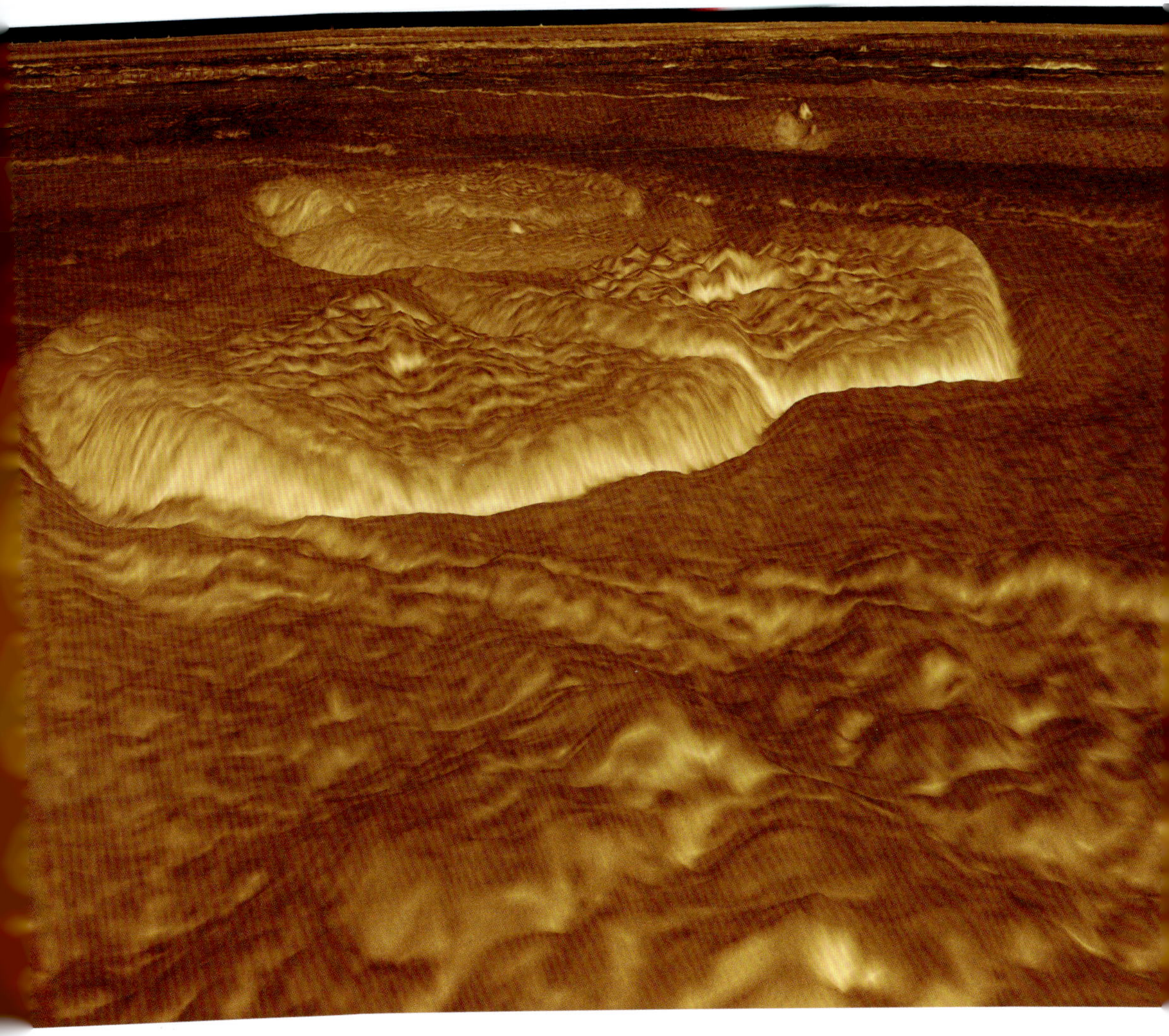

一个结合地形数据和反射率数据创建的模拟薄饼状火山的透视视图。这种圆顶高约1千米，宽数十千米。

生了更加黏稠的熔岩，气体更难逸出从而在其中积攒，产生巨大的压力，最后以爆炸告终。但因为金星上既没有海水，又没有板块构造，所以层状火山根本不存在。

即使是金星上的盾状火山在形态上也与地球上的截然不同。它们比地球上的火山大得多，能够覆盖数百平方千米。虽然它们覆盖的面积很大，但坡度却惊人地平缓。平缓的坡

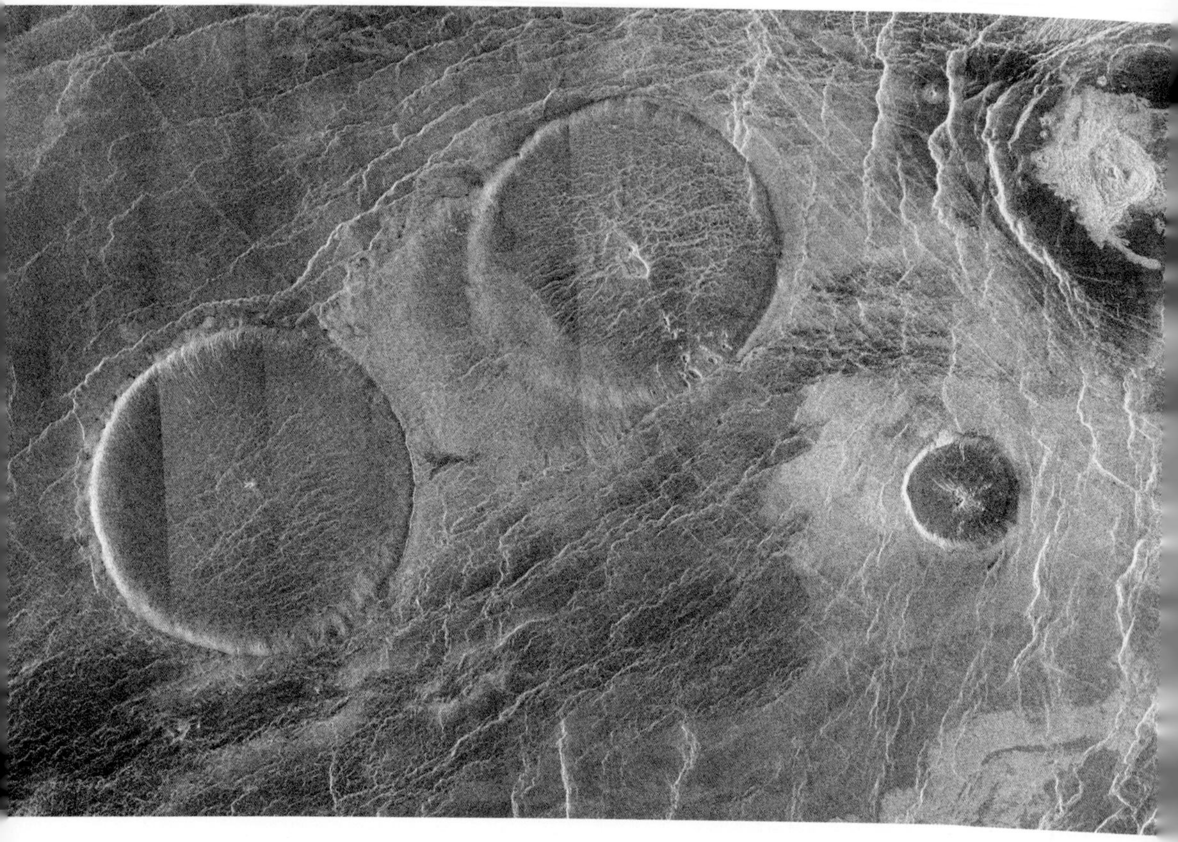

麦哲伦全分辨率镶嵌地块地形图，中心位于北纬12.3°东经8.3°，显示了金星Eistea地区160千米×250千米的区域。突起的圆状物是火山“薄饼”拱形物，宽度直径65千米，平顶处不小于1千米。这些结构表示金星上由黏稠熔岩形成的火山喷发独特类型。裂缝和坑洞是熔岩冷却和退缩形成的结果。

度很可能是由于玄武岩质的低黏度岩浆流动性极强，且在高温环境下冷却缓慢。

因此，那里的盾状火山没有足够的结构强度在竖直方向支撑自己，这导致它们的平均高度只有1.5千米。不过，它们变得如此巨大，以至于它们实际上能够使岩石圈（地幔的脆性上部和地壳）向下弯曲，产生弯曲的深沟和/或环形的裂缝，并破坏地底深处的岩浆室。根据一项研究，金星上至少有167个直径超过100千米的盾状火山，而地球上只有一个类似大小的火山群——即夏威夷群岛的火山群。[9]

至于盾状火山的总数，根据麦哲伦号的数据，在2000

到7万之间，随使用的标准的不同而改变。除了盾状火山之外，还有许多更奇特的地形，与地球的任何地形不相似：如以同心裂缝的圆形或椭圆形图案为特征的冕状山（coronae）；蛛网状的火山；薄饼状穹丘等。

金星的火山还活跃吗?

覆盖金星表面的无所不在的熔岩流，以及无数的火山（总共超过1000座）及其他与火山相关的结构表明，火山作用在过去的几百年里改变了金星的表面。金星内部的热量必须以某种方式逸散，而且显然是以占据金星古代的大部分时间的火山喷发和灾难性的熔岩流的方式。金星上的火山活动是否仍然活跃长久以来是一个经常被问到的问题。

欧洲航天局的金星快车号（它的任务从2006年4月进入轨道一直延伸到2015年1月失去联系为止）在金星的夜间进行的近红外监测显示一些地点的辐射与周围地形的不同。研究人员推测，这种辐射可能来自相对较新的熔岩流（年龄小于250万年），它们尚未经历明显的表面风化。

拉里·埃斯波西托（Larry Esposito）在1984年提出了一个具有争议性的想法：火山喷发是间歇性，它基于云层上方的二氧化硫随时间的变化。2012年，调查人员回顾了2006年至2007年从金星快车号上获得的二氧化硫测量数据，发现当时云层上方的二氧化硫含量急剧上升，在接下来的五年中逐渐下降，这进一步证实了这一猜想。由于二氧化硫是火山排出气体的重要组成部分，这可能是由于火山活动的发作。然而，金星低层大气中的二氧化硫含量却保持不变，表明云层上方的二氧化硫含量增加可能仅仅是由于大气

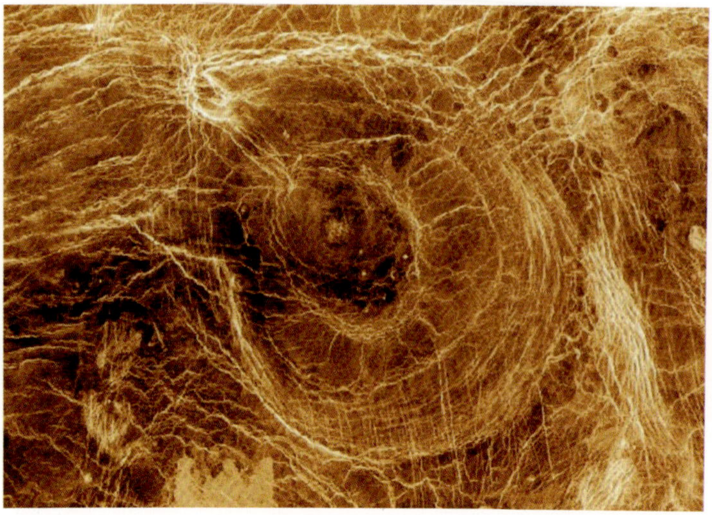

金星上另一个奇特形状：蛛网膜火山，因为形状而得名，有的大小达250平方千米，由一些同心卵形线构成，周围有像蜘蛛网线一样的径向裂纹。

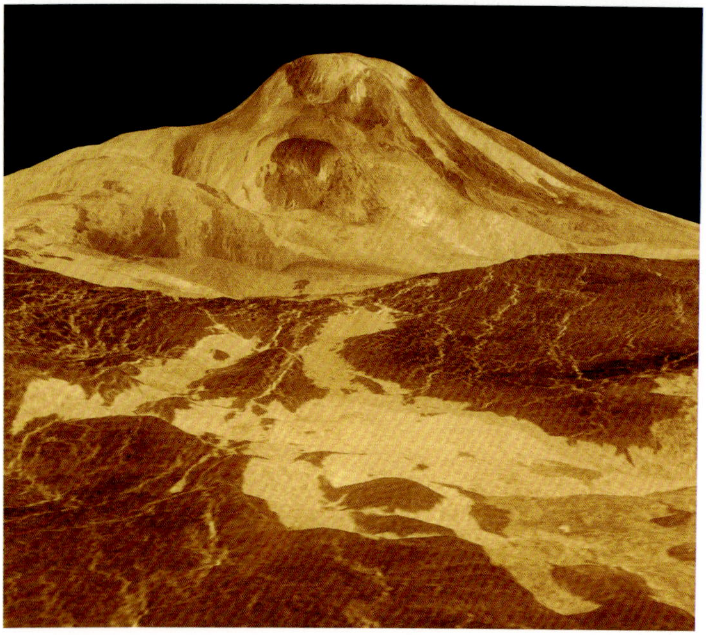

玛亚特火山（Maat Mone volcano），计算机生成的金星表面的三维投影图，由麦哲伦号几经合成雷达和测量数据绘制。玛亚特火山以埃及真理与正义女神命名，大约位于金星北纬0.9° 东经194.5° 。它的峰高于平均表面8千米。这个透视的垂直尺度已放大了10倍。计算机中的射线投影相交于表面，形成了三维透视图。伪彩色和数字地形高段图由美国地质调查局使用增强小尺度结构方法研制。伪色彩根据苏联金星13和14号飞船绘制的彩色地图绘制。

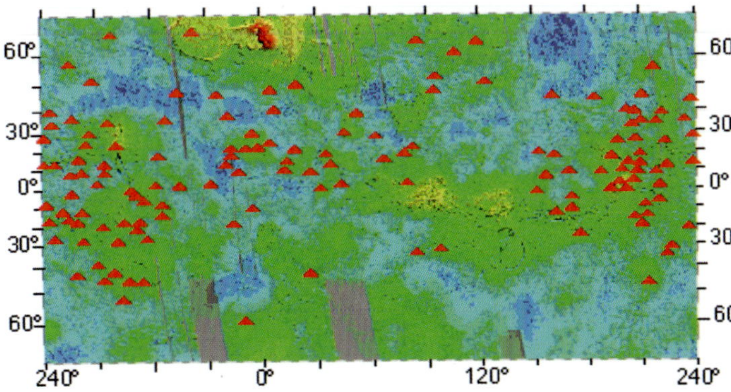

金星上的大盾状火山

环流使二氧化硫缓慢地翻转。

到目前为止，最具启发性的发现是由使用金星快车号上带有近红外1000纳米滤光片的金星监控摄像机获得的。在2008—2009年的几次观测中，它沿Ganis-Chasma裂谷发现了四个瞬变热点。它位于金星上的Ganiki四边形平原，在两个火山区域之间。在北部的是亚特兰大平原——它是地幔上升流和下升流的结果——而南部的阿尔塔地区则是地幔上升流形成的主要火山隆起。它是一个延伸的地貌，像一个弧围绕着萨帕斯冕状山（金星上的许多冕状山被认为是休眠火山，而不是死火山）。因为缺少皱脊，它看上去比金星上的其他深谷要年轻。如果对Ganis-Chasma的红外线闪光的说法是有事实依据的，那么这些观测可以提供金星上现有的火山活动的第一个直接证据，无论是在金星上的何处。

最近，对地幔对流和岩石圈相互作用的建模表明，麦哲伦号的雷达数据中看到的多达37个冕状山（包括阿耳忒弥斯Artemis）是构造活跃的，这提高了金星火山目前活跃的可能性。调查研究这个问题的是日本人造探测器“拂晓”号，它配备了许多旨在确认活火山活动存在的仪器。它于2010

环绕金星运行的金星快车宇宙飞船的艺术概念图。

年5月发射升空，原计划在6个月内到达金星，但在2010年12月首次试图进入金星轨道时失败了。从那以后，它可以称得上是一个真正的幸存者。在工程师们设法拯救它之前，它环绕太阳运行了5年。终于，在2015年12月，它长期休眠的姿态控制推进器成功点火，最终进入环绕金星的椭圆轨道上。

在撰写本文时（2021年6月）“拂晓”号的任务还在继续，包括寻找与大气对流或火山活动有关的闪电。在这次研究中，它使用了一种快速采样光学传感器来测量闪电的亮度曲线，并且似乎已经检测到一个可能的闪电事件。

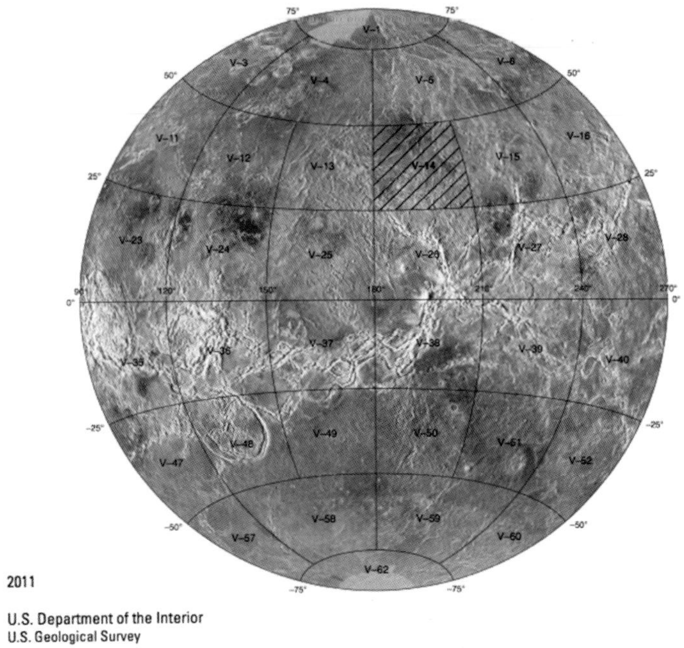

画有阴影线的v-14区域表明了Ganiki平原的位置，在Ganis-Chasma观测到的瞬变热点可能暗示了金星上活跃的火山活动。

有组织的宇宙飞船队

尽管“拂晓”号在2010年接近金星时获得了一些数据，它从2016年初才开始周期性监测金星。

目前，它继续在金星上进行观测。自2014年与欧空局的金星快车号失去联系以来，“拂晓”号几乎独占了这颗行星。对金星进行勘测的其他航天器都是在有其他优先任务下在使用金星引力弹弓时偶然发生的：美国宇航局的帕克太阳探测器飞越金星来降低其近日点距离以进行太阳观测；欧空局的贝皮可伦坡号探测器在去水星的路程中飞越了金星；以及欧空局的太阳轨道探测器，它将对太阳的极地地区进行近距离观测，旨在回答有关太阳日光层的问题。

但突然之间，这一切都变了。金星重新变得风靡起来，

左上张由“拂晓”号探测器在2015年12月7日探测到的数据合成的金星伪彩色照片显示了金星的昏半球。在低纬度和中纬度地区，大气以约100米每秒的速度从突出部（右边缘）旋转到明暗界线（左边缘）。这张彩色图像由以下部分构成：283纳米滤光蓝色图像，365纳米滤光红色图像；两者的混合，以绿色表示。淡黄色的区域表明赤道地区存在更少的未知紫外线吸收剂。

右上张由“拂晓”号探测器在2016年11月9日探测到的数据合成的金星伪彩色照片显示了金星的晨半球。这张彩色图像由以下部分构成：283纳米滤光蓝色图像：365纳米滤光红色图像；两者的混合，以绿色表示。云层上方二氧化硫的含量在浅蓝色的区域相对较低。

左下张由“拂晓”号探测器在2016年5月6日探测到的数据合成的金星伪彩色照片显示了金星的全昼半球。这张彩色图像由以下部分构成：283纳米滤光蓝色图像创建；365纳米滤光红色图像；两者的混合，以绿色表示。淡黄色的区域表明赤道地区存在更少的未知紫外线吸收剂。

金星上闪电的艺术概念图，欧空局金星快车号探测器上搭载的磁力计发现的电磁波信号显示金星大气中有雷电活动的迹象。

环绕金星的轨道即将被一支名副其实的国际宇宙飞船队蜂拥而入。经过长时间的中断，俄罗斯恢复了对金星的历史兴趣。自2021年初以来，其金星-D探索任务一直处于开发阶段的A阶段。它将是一系列全新的金星探测任务中的第一个，计划于2029年发射，包含轨道飞行器和着陆器；可能还有一个空中平台，以及美国宇航局提供的两个长期使用的地面站，它们被设计计从地表发送至少两个月的数据。

此外，印度空间研究组织（ISRO）此前曾宣布计划于2023年发射一颗金星轨道飞行器，但由于2020年和2021年全球疫情造成的工作中断，计划不得不推迟。现在他们预计将在2025年发射一颗名为Shukrayaan-1（金星飞船1号）的轨道飞行器。它预计会携带两个用于地面和地下探测的雷达和一套大气仪器。

DAVINCI探测器降落阶段的艺术想象图

就在本书付印之际，最新、也最雄心勃勃的金星任务已经宣布。2021年6月，自1989年麦哲伦号发射以来间断了30多年后，美国航空航天局批准了两项探测金星的探索级（Discovery class）任务，暂定于2028年或2030年发射。

第一个是DAVINCI任务（深层金星大气稀有气体，化学和成像研究探测器），它将测量金星大气的组成，了解它如何形成和演化，试图探求这颗行星曾经是否有过海洋，以及发回高分辨率的镶嵌地块地形图像[12]；第二个是VERITAS任务（金星发射率，无线电科学，干涉雷达地形和光谱学探测器），它将绘制金星表面的地图并重建为三维地形图，以便更好地了解金星的地质历史、挥发物在地壳形成中的作用以及活火山活动是否还在金星的表面发生[13]。此外，在美国航空航天局宣布任务的几天后，欧洲航天局批准了将于2031年发射的EnVision任务。它将携带两个雷达，其中一个雷达是S波段合成孔径雷达；另一个雷达有一个近红外和紫外光谱成像仪套件，用于探测金星地底。[14]

随着有证据支持金星大气云层差异可能部分是由微生物的存在引起的，以及2020年关于磷化氢痕迹的报道，人们对金星天体生物学研究的兴趣正在兴起。由Peter Beck领导的私营企业火箭实验室（Rocket Lab）以及Breakthrough机构已经宣布，它们将于2023年发射探测任务，对金星云

DAVINCI探测器

金星发射率，无线电科学，干涉雷达地形和光谱学探测器（VERITAS）的艺术想象图，这是美国航空航天局Discovery Class任务计划的一项拟议任务。

层进行取样。2024年将有一个更大的探测器紧随其后。以色列金星轨道器，VERITAS和EnVision上的三个雷达可以确认金星上的活火山活动，并深入了解过去金星表面是否存在水。而DAVINCI将提供在其下降到地表约64千米以下的大气时测量的与其中痕量化学物质的高度剖面分布有关的关键数据，试图更好地阐明金星当前的居住条件。即使已经有了这些计划中的任务，探索金星的时代也才刚刚开始。日本宇宙航空研究开发机构计划在21世纪30年代初在太阳-金星拉格朗日点L1和L2发射“拂晓2号”，一对小型轨道飞行器。

悬而未决的问题

尽管金星看上去与地球极度相似，但它显然遵循了一条截然不同的演化轨迹。尽管我们已经发现了重要的线索，但仍有许多有关金星的谜团尚未解开。主要问题包括：金星表面过去有液态水吗？金星是一直慢速自转的吗？如果金星上的液态水存在了大约10亿年，那么生命是否诞生了？地表是什么时候变暖的，还是一直这么热？它曾经有磁场吗？为什么金星的大气层是迄今为止发现过的没有磁场保护的类地行星中质量最大的？

在缺乏数据的情况下，回答这些演化问题是一项挑战。对于地球和火星，地质记录提供了一些问题的线索。然而，对于金星来说，由于在极端的高温和高压条件下工作的挑战，以及没有任何在表面移动的手段，我们很难找到这样的线索。目前一些允许探测器以更强的机动性探索地表和低层大气的设备，以及高温电子、化学传感器和机械钻头等仍处于开发阶段。

在太阳系的早期历史中，太阳和行星于大约46亿年前从原行星盘形成之后，在一段剧烈的轰击时期（在地球地质史上被称为冥古代），内侧的行星以较小的形态出现，在引力作用下聚合为现在的行星。金星、地球和火星上的大气层可能是由内部排气所形成的，之后由于尚不完全清楚的原因，金星大气随着时间的推移变得异常巨大（不同于火星，金星即使在没有磁场的情况下也拥有一个浓密的大气层。这种浓密的大气层只允许大型撞击物到达行星表面；较小撞击物会在大气中碎裂，产生大量尘埃。一项研究比较了如果金星没有大气层，在过去8亿年里被撞击的概率，以及在当前大气层的被撞击概率，结果与现有的数据吻合得很好[15]。这表明，金星的大气厚度可能至少在8亿年以内保持不变。但目前，我们对大气逃逸到太空和金星表面释放气体的速率只有粗略的估计。

对金星气候的数值模拟表明，如果早期的金星足够冷，使得其表面上有液态水（这并未被确认），那么它可以在最初的20到30亿年内保有浅层的液态水海洋。也许直到8亿年前，当灾难性的火山重新出现，抹去了金星地质历史的所有早期痕迹之前，它仍然保留着海洋[16]。

相比而言，火星比金星更常被认为是天体生物学的目标，但它的液态海洋可能只保留到了43亿年前，因为火星大气消失的速度非常快[17]。虽然无法确认，至少有可能金星拥有液态水海洋的时间比火星长。

让我们继续谈论一下火星。支持火星早期存在液态水的证据包括退化的陨石坑和流动的溪流和湖泊的沉积物。对火星表面大气损失和火星地貌的研究表明，古代火星表面存在海洋、地下水甚至是降雨[18]。相比之下，我们没有任何关于金星早期表面的信息，因为它已经被熔岩覆盖了。正如已经说过的，我们甚至不能肯定金星是否曾经有过海洋，因此也无法知道它是否曾经形成过像地球上那样的碳酸盐-硅酸盐循环。这种循环将二氧化碳闭锁在碳酸钙岩石中，在一个狭窄的范围内保持大气中二氧化碳的相对稳定。显然，这些事情现在再也不存在了。不知为何——我们还不知道为何——金星失去了平衡。任何释放到大气中的二氧化碳都留在那里，形成了金星巨大的几乎完全由二氧化碳组成的大气。

由于所有的二氧化碳都没有被释放，温室效应开始加剧、失控，金星的地表水（不管剩下什么）——消失了。目前，它的表面像骨头一样炎热干燥，被遍布金星的硫酸液滴云所浸透。假设金星曾经有海洋，那么它蒸发花了多长时间？在熔岩河在地表泛滥之前，是否曾经有过流动的河流？我们从过去的航天器结果中知道，金星大气中的氘富集，其浓度是地球上海水的150多倍。这可能是金星上曾经存在液态水的证据。其他液态水的痕迹来自一些在有水的情况下形成的矿物（长英质岩石）。因此，改进我们对稀有气体的同位素比率和对地表岩石组成的矿物学测量是未来探测金星任务的关键科学目标。

金星巨大大气层的存在对这颗行星的演化还有其他影响。在地球上，由放射性元素衰变产生的原始热量大部分通过板块构造的过程消散：通过板块构造，热量通过平流从地幔逸出，地幔物质被运送到地表，然后旧地壳通过俯冲带返回地幔。在一个没有板块构造的星球上，原始的热量可能会被困住，直到地幔物质变得足够热，以至于可以直接挤到地表，之后地幔冷却，循环重新开始。在这种情况下，金星可能每隔一段时间就会经历一次行星范围内的重塑表面运动。当然，金星浓密的温室气体大气层的存在，使得金星向太空辐射热量的效率远远低于地球，冷却会发生，但速度将会很慢，所以在这些重塑表面时期的火山活动一定会持续很长时间。事实上金星是否曾经经历过没有活火山活动的时期是值得怀疑的。尽管我们已经对金星进行了数十年的航天研究，但它提供的问题仍然多于答案。

第九章
金星上的生命

金星上的生命会是什么样子的？他们是否具有与我们相似的身体？又是否具有与我们类似的智力？他们是像贝纳丹·德·圣比埃所说的度过了轻松愉快的一生？还是被严酷的环境所折磨以至于无法产生细腻的知觉，无法进行任何科学性的或艺术性的活动呢？这些问题都很有趣，但我们还没有答案。

卡米伊·弗拉马利翁（Nicolas Camille Flammarion）

（1842–1925）著名天文学家

在航天时代的黎明之前，金星和其他行星一样，是一块白板，人们可以在上面投射自己的梦想。那些使它光耀诱人的云层，也小心地守护着它的秘密。在20世纪末，火星上类似于运河的痕迹，暗示了一个已经灭亡的文明的存在的可能性，这使它作为潜在的生命住所吸引了最多的关注。但金星和月球并没有被排除在外。正如1912年，法国著名动物学家、巴黎植物园园长埃德蒙·佩里耶在一次报纸采访中说，金星上可能存在像牛一样大的蕨类植物、昆虫和青蛙。除此之外，诺贝尔化学奖得主斯万特·阿累尼乌斯在1918年给出了更确切的回答：

金星的平均温度……假定太阳的辐射强度为每立方

> 厘米2卡路里，计算出约为47℃。而湿度大概是地球平均水平的6倍，或者是刚果地区的3倍……因此我们可以得出结论，金星上的一切都是湿漉漉的……金星的很大一部分表面都是被沼泽覆盖的，这些沼泽与地球上那些形成了煤炭矿床的沼泽相似，只是温度要高30℃左右……温度已经高到无法支持茂盛的植被生长。而在金星的各个地方，始终如一的气候条件导致了这些生物完全丧失了对外部的气候变化做出适应的能力。因此，金星上只可能有低级生物的存在，而且一定是一片植物王国；同时整个行星上的生物几乎是同种类的。

金星的云层彻底地掩盖了它的表面特征，也掩盖了它们自身的本质。起初，人们自然而然地认为它们是水蒸气云，就像地球上的云一样；甚至于直到1972年，一项对天文学家意见的调查显示，认为金星的光谱表明金星大气是由水组成的和认为金星大气是由“别的东西”组成的的两派人数相当均衡[1]。而其中“别的东西”包括了大量的可能物质，其中一些相当奇特，如碳聚合物、硅酸盐，甚至有机化合物如聚氧甲烷（在地球上用作热塑性工程塑料）都有支持者。1955年，宇宙学家弗雷德·霍伊尔（Sir Fred Hoyle，因坚

埃德蒙·佩里耶想象的生活在金星表面的巨大青蛙（左）和吸引鸟类的蕨类森林，1911年。

持稳恒态宇宙模型而闻名）声称金星的略多于20天的缓慢自转（他所认为的）只能通过某种液体因潮汐作用而导致的与行星表面的摩擦来解释，同时该液体比水更黏稠。他提出了石油的可能性。他补充说："如果这样的话，金星可能比最富有的得克萨斯州的石油大亨的理想还要'丰满'。"[2] 但按照我对他的了解，他很可能是在开玩笑，不过如果是真的话，那就意味着金星上曾经或仍然广泛存在着生物生命，因为地球上现存的石油都是来自生物。

地狱般的风景

"水手2号"探测器证实了金星表面的极高温度，另外金星号着陆器在穿过大气层和最终降落到金星表面的过程中测量了温度。然而，由于所有这些航天器都降落在低纬度地区，所以人们仍然认为（尽管可能性不大）靠近两极的地方可能存在更温和的气候。事实上，曾经有一段时间，人们甚至怀疑肉眼看到的金星两极的明亮的尖帽可能是由雪或冰组成的，就像地球和火星上的极地冰帽一样。甚至到了1971年，加州大学洛杉矶分校的威拉德·利比（Willard F.Libby）和保罗·科内尔（Panl Corneil）仍在争论是否可能存在极地海洋，它们可能是酸性的，因此不能沉淀碳酸钙，并且它们可能延伸到南北纬55°左右。[3] 虽然他们承认了探测器所发现的高温，但他们指出，在100个标准大气压下，水的沸点是314℃（587K）。因此，如果极地的温度显著低于赤道地区的温度，液态水便有可能存在于金星极地。（到那时为止，所有的温度测量都是在低纬度地区进行的）利比和另一位合作者约瑟夫·塞克巴赫（Joseph

Seckbach）在实验室中对这些想法进行了实验验证。在实验中他们出人意料地发现一些藻类，如红藻（Cyanidium caldarium）能在100巴压力下的高温二氧化碳气体中茁壮成长。[4]

到了1974年，詹姆斯·汉森（James Hansen）和霍文尼尔（J.W.Hovennier）取得了一项重要突破，他们证实金星的云层不是由水蒸气组成的，而是由硫酸液滴组成的。那时，人们已经确认金星表面温度很高（至少有460℃/860°F），虽然存在因地形差异而导致的微小变化；每隔160米的海拔差异，压力变化约1个大气压，温度变化约2℃（3.6°F）。而在两极和赤道，或者在夜晚和白天间，都没有显著的差异。所以金星地表存在生命的可能性极小。但哈罗德·莫罗维茨和卡尔·萨根提出了另一种更奇特的可能性。1967年，他们在权威杂志《自然》上发表了一篇具有启发性的论文，题为《金星表面的生命？》[5]

金星云中的生命

在试图确定哪些环境可能适合生命生存的过程中，我们总是大量依赖于我们对已知生命的经验，也就是说，地球上的生命。在早期的望远镜时代，甚至一直到20世纪，其他的行星，包括月球，都被认为是类似地球的。更近一些的时候，“宜居带”已经被缩小到像地球这样离太阳距离刚好可以让水以液态存在于表面的行星的范围。因此，自1996年以来，美国航空航天局在火星任务中优先考虑了“跟随水流”的理念，因为火星表面有许多特征证明过去存在流动水。最近，寻找生命这一更为广泛的主题被采纳为行星科学十年调查计划的一个组成部分。除了火星，天体生物学的其他潜在目标也包括木星的卫星欧罗巴和土星的卫星恩克拉杜斯。金星，由于其极高的表面温度和极度干燥的条件，一直都被任何涉及生命存在的讨论排除在外，尽管如我们看到的，这种情况正在改变。可以肯定的是，我们所知道的生命都无法在现在的金星表面存在。那么在遥远的过去呢?

地球的生物圈仍然是宇宙中唯一一个我们可以直接研究生命起源和生存的地方。在地球上，在漫长的地质时期内的地表和地下水对于生命的出现不可或缺。因此，为了确定生命是否可能在金星过去的某个时刻出现，我们需要确定早期金星上出现液态水的时间和液态水的数量，前提是它曾经存在的话。正如在第八章所述，在麦哲伦号图像中看到的金星表面上的撞击坑数量较少且分布相对均匀，这似乎表明金星表面平均年龄只有3至7亿年。[6] 最初约80%~90%的地质记录在表面重塑时丢失。[7] 因此，金星表面存在水的任何直接证据都已消失。

有证据显示金星的大气成分中过去存在着的水迹象，通过航天器使用质谱仪发现在云层以下金星大气中有一定比例的氘/氢。氘是氢的一种同位素，它含有一个质子和一个中子，而普通的氢只有一个质子。[8] 早期地球和金星上水的氘/氢比例几乎相同。然而，在高空强烈的太阳紫外线辐射的影响下，大气中水分子会分解成氢和氧。随着时间的推移，大量的氢和少量的氘（因为氘的质量是氢的两倍，这使它更不容易逃逸）逃逸到太空中。根据1978年先锋金星号探测器搭载的质谱仪的测量结果，金星大气中氘与氢的比率是地球的150倍，这一结果只能用金星曾经失去过大量的水来解释。人们普遍认为这些水是液态水，但最近对金星早期气候的数值模拟表明，可能是金星大气层的影响使金星非常温暖，水蒸气无法凝结，所以也可能是水蒸气。目前正在进行更多的模拟，并可能得出不同的结果，因此需要进一步测量来解决这个问题。最近，金星快车号的测量结果显示金星高层大气中氘与氢的比率更高，是地球的（240±25）倍，这意味着金星上可能有更多的水流失到太空中[9]。由于氢和氧离子的损失，金星上的水仍然在迅速逃逸，但我们缺乏每年损失的精准估计。[10]

模拟结果表明，如果金星上确实曾经有过海洋，那么至少要6亿年才能通过这种光解逃逸过程失去海洋。[11] 还有人认为，液态水可能在金星上存在了20亿年或更长时间，并且在过去几亿年中，地表水和适宜居住的环境可能一直存在，直到大规模火山喷发导致大量熔岩区形成，使得这颗行星进入了当前的地狱般状态。[12] 如前所述，相比而言，液态水海洋在火星上似乎只持续了不到10亿年，因为人们发现火星大气消失的速度相当快。[13] 由于地球上的生命是在几亿年之后才出现的，这意味着金星上的生命起源的可能性比火星上的更大。

尽管如此，火星仍然是天体生物学家感兴趣的主要目标，而金星自“水手2号”任务以来一直被普遍认为是不适宜生命存在的行星的缩影。在最近的一本天体生物学教科书中，只有一章提到金星上过去可能存在液态水，而且这之后又被反驳了：

> 如果金星在大约20亿年的时间里是适宜居住的，而且生命能够出现在这个星球上，那么与地球上生命的进化相比较，金星的生命形式可能已经达到了相当复

> 杂的进化水平，出现了光合作用甚至可能是产氧光合作用。然而，它离太阳更近，导致了所谓的温室效应失控……以至于金星不再适合居住：它的表面温度超过了350℃，它富含硫酸的大气以及火山造成的表面重塑很可能共同抹去了任何潜在的过去生命的痕迹。[14]

人们并没有考虑过生命的另一种可能性——生命可能以微小的纳米级细菌的形式存在，依靠微量的营养物质繁衍生息，并且适应极端的大气压力、温度、酸度和辐射——并且可能已经迁移到地表上方更适宜的云层区域。但这种可能性还没有被考虑过，并被认为是离奇荒诞的。

除了莫罗维茨和萨根提出的金星云层可能存在生命的初步建议外，直到最近，关于这一主题的文献仍然相当稀少，而且更多是推测性的，缺乏任何实质性的论证。然而，一些早期的论文援引了（非常试探性的）微生物对云层中紫外线吸收的解释。1975年，匹兹堡大学的布鲁斯·哈普克

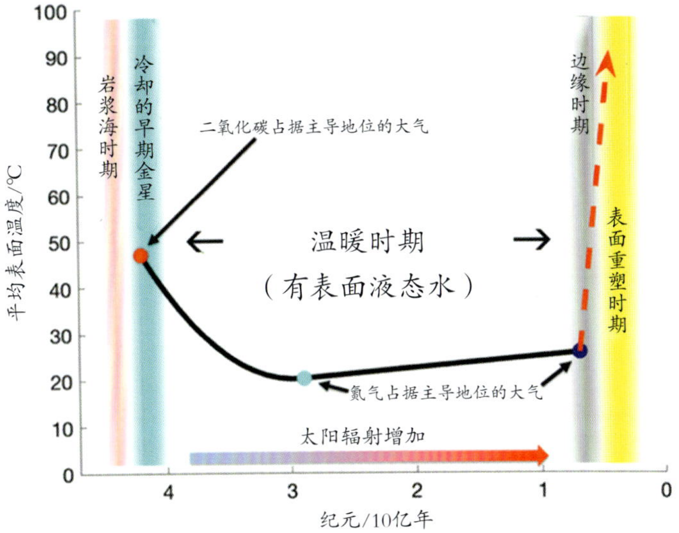

金星上水的演化。数据点表示在1巴大气压下的平均表面温度。红色虚线箭头表示金星大气向失控的温室大气的过渡。

（Bruce Hapke）和罗伯特·纳尔逊（Robert Nelson）证明了如果云层中除了含有硫酸外还含有单质硫粒子，就可以导致近紫外线反射率的降低。他们总结时提出了一个诱人的想法：

> 最后，我们不禁要指出，对于许多已知的厌氧陆生生物，硫的还原或氧化是其代谢过程中重要的能量来源……如果这些微生物在云层中没有完全不利的条件，它们对这颗行星的能量平衡的影响不可忽视。[15]

两年后，东京大学的清水干夫（Mikio Shimizu）认为，吸收紫外线的有可能是金星大气中由太阳紫外线照射一氧化碳而形成的碳亚氧聚合物和细石墨颗粒，并补充说，这些可能是“原始地球上生命系统的前身”，因此，“象征性地说，每次我们看到金星云层的紫外线照片（伴有明亮和黑暗的条纹）时，我们都在看我们的‘祖先’”。[16]

另一个具有启发性的想法由紫外线金星成像的早期先驱查尔斯·博耶（Charles Boyer）提出。他在退休后搬回图卢兹，继续与亨利·卡米歇尔（Henri Camichel）和其他在米迪峰工作的天体物理学家合作。1986年，在法国流行杂志《天文学》上，他富有想象力地设想了一片巨大的光合作用有机体薄片，其行为类似于我们海洋中的藻华，不断增长扩大，直到可用的营养物或水耗尽，然后在几天内凋亡。他认为这可以解释观测到的云运动所指示的纬向流的变化。他写道：

> 这一层生物漂浮在60千米的高度，可以合理地假

> 设，这种生物由类似于光合作用和某种叶绿素的吸收的反应维持生命。它们在太阳照射的部分获取能量，并储备，而在黑暗中的部分会消耗能量。由于黑暗部分在云层顶部持续约48小时，当它们从黑暗中出现时，薄片中的微生物们已经饥渴难耐。大约在阳光到达之前的三四个小时，它们会通过一种原始的神经系统预感到即将到来的光芒，并奔向那慷慨无私的阳光。一旦它们到达，它们就停止加速，开始减速。[17]

博耶的描述略显诗意化，因为没有必要引用一个神经系统来解释这种行为。这种行为应该是对大气中太阳热潮的自然反应。

这也许是异想天开，不过这个想法后来被美国行星科学家戴维·格林斯彭（Devvid Grinspoon）采纳，他还推测“吸收紫外线的物质是一种光合色素”。[18]像博耶一样，他没有提出任何特定的陆生生物来模拟假设的光合作用生物。博耶的想法在最近得到了支持——根据拉凯什·莫格尔（Rakesh Mogul）和他的同事的说法，金星云层中确实有可能发生光合作用，不仅仅是在白天，甚至在夜晚也可能因下层大气和表面的辐射而发生反应。

至少在早期阶段，金星上生命的进化历史可能与地球上的相似。关于地球上生命起源的问题，我们知道什么呢？有可能泛种论的观点是正确的——生命存在于整个宇宙中，并通过太空尘埃、陨石、彗星等在世界间传播。如果是这样，生命很有可能同时在地球和金星上出现。另一方面，如果地球上的生命确实有一个特殊的起源，那么查尔斯·达尔文在一个半世纪前的猜测可能是正确的，他认为生命可能起源于一个“有各种氨和磷酸盐，有光、热、电的温暖的小池塘”。[19] 达尔文认为，生命起源于地表附近。然而，1979年在洋中脊发现的热液喷口（“白色烟囱”和“黑色烟囱”）改变了研究者的看法。因为早期生命可能在冥古代时期（46亿—40亿年前）受到了深海的保护，避免了如剧烈的陨石撞击等危害。这让许多研究人员相信，深海地区可能孕育了地球上最早的生命形式。[20] 虽然这个想法仍然有支持者，但近年来主流观点又开始摇摆。热液喷口的问题在于，尽管水对生命至关重要，但水对细胞的核心成分（如DNA和蛋白质）也具有高度的破坏性。因此它们的形成更有可能发生在干湿交替的陆地环境中，也就是更像达尔文的“温暖的小池塘”，而不是深海的热液喷口。[21]

尽管如此，温泉和热液喷口仍然是个非常有趣的地方，它们为许多外来生物提供了栖息地，包括能够在极高的温度、压力和酸度条件下生存甚至繁衍生息的“极端微生物”，最极端的嗜极微生物是古菌——地球上所有现存生物中最古老的一支，其中包括以无机硫化合物代替氧气作为电子受体的硫细菌和以产生甲烷作为代谢副产物的产甲烷菌。有些古菌能在超过75℃、90℃甚至100℃，也就是沸水的温度的环境下存活，其中，1997年从大西洋一个黑色热液喷口上提取的延胡索酸火叶菌可以在极高的113℃的温度下生长，这已经接近了地球生物的极限，在更高的温度下，几乎所有的生物分子都会在几秒钟内瓦解。根据已知，有些微生物能够在深海中的300～700巴的压力和2～4℃的温度下生长，而另一些（如一种古菌，硫化叶菌）既嗜酸又嗜热，它们在热泉和硫质喷口中繁衍，同时快活地将硫化氢转化为硫酸。德克·舒尔兹-马库奇（Dirk Schulze-Makuch）和他的同事提出了耐酸细菌可能是金星云层中的居民，并主张用气球来执行一次探测任务。

以下是与金星有关的极端微生物类别：

嗜酸菌：能够抵御pH≤3的酸性环境的生物。

嗜压菌：在高压和低压环境中生存的生物。

嗜冷生物：能够在−20～+10℃的极冷条件下生活的生物。

嗜辐射菌：在高强度紫外线和电离辐射条件下繁衍生息的生物。

嗜热菌：在高温下生存的生物，包括能承受75℃以上温度的超嗜热菌。

嗜旱菌：生活在极端干燥条件下的生物。

此外，一些微生物能够在暴露于太阳风和宇宙射线的环境中存活，正如长期暴露设施实验所示。这使得当前的清洁剂几乎不可能使航天器完全“清洁”（甚至有些物种可以在清洁剂上茁壮成长）。其中一些微生物可能能够在金星的上层云层甚至是中间层中存活一段时间，而那里的辐射是十分致命的。

我们知道，一旦生命出现，无论它怎样起源，它都会表现出惊人的耐久性，能够适应各种各样的环境。地球上的生命无疑是这样的，于是我们可以推测在金星上也是如此。新的研究表明，海洋和宜居环境可能在金星表面持续了几十亿年，但是，可能是由于同时发生的火山爆发和灾难性的表面重塑事件，导致金星最终失去了海洋，逐渐演变成目前拥有浓密的几乎全由二氧化碳组成的大气和失控的温室效应的阶段。如今，金星表面的条件对于我们所知的生命或甚至想象的生命来说几乎是不适宜的。它们唯一的出路，如果有的话，将会朝向天空，微生物借助地表风并被地形引起的重力波动带入硫酸液滴云层中，就像最近由“拂晓”号轨道飞行器探测到的那些波一样。在地球上，已有活的细菌在平流层中的硫酸气溶胶层（或者叫Junge层）中被检测到，那里的大气化学成分与金星大气的化学成分相似。[23] 然而，从平流层空气样本中找到的活微生物非常稀少，并且主要局限于能够在干燥和紫外线暴露的情况下存活的且代谢不活跃的种类。平流层中的细胞密度可达到约10^5个细胞每立方米，而对流层下部成云区的细胞密度约为10^{11}个细胞每立方米。有趣的是，这些对流层的数值与金星低层云的最大细胞密度估计相似。据合著者利马耶计算，金星低层云的最大细胞密度大约为10^8～10^{10}个细胞每立方米。[24]

与地球相比，金星的云层呈现出更加极端的如干燥、酸性的条件，且很可能缺乏营养物质。根据颗粒大小和密度的推断，利马耶和同事们假设云中的微生物会通过云的合并和分裂在云层的上下之间循环，从而理论上保证了获得水和营养物质的途径。然而，金星上气溶胶内的酸度可能比通过测量48～65千米高度之间的云层所得到的0.5～1.5的pH范围大得多（也就是pH更小）。[25] 另一方面，在微生物孢子中发现的保护膜可能使它们能够在高酸性环境中生存。此外，孢子还可以作为活性云凝结核。麻省理工学院的萨拉·西格尔（Sara Seager）和她的同事提出了一种跨越云层的微生物垂直生命周期。微生物随着体积的增大从较低的云层中脱落，然后在云层下方形成孢子。[26]

还有很多问题仍然亟待解决，但至少我们可以开始想象金星上的“居民”们可能是什么样子的，如果金星上真的有“居民”的话。它们看起来可能一点也不像爱德蒙·佩里耶想象中的多细胞生物。相反，它们更类似于硫还原古菌或细菌（地球上没有与之对应的特定物种；金星上的微生物生命遵循独立的进化路径）。金星上的云层位于大气中约47千米高（约110℃，2巴）～约70千米高（约-45℃，40毫巴）之间。在这些高度上，水蒸气的含量非常低（根据一些测量或远程数据的推断，云层顶部的水含量约为5×10^{-6}，底部为50×10^{-6}，并且可能会有变化）。但更小的颗粒形成了90千米的高大气层中的一片雾。更多的液态水存在于由硫酸组成的液滴中，并构成了云层。云层呈分层状，含有被认为是球形的颗粒物，尺寸从400到2500纳米不等，甚至还有较大的颗粒物，可能达到2万纳米大小，这些更大颗粒物可能不是球形的。根据目前的模型，微生物将集中在云层底部附近大约50千米高处，那里的硫酸液滴中的含水量相对较高。根据光学图像或偏振数据中观察到的光谱特征，以及从化学模型和质谱仪数据中推测出来的结论来看，液滴中的酸性可能因为一些杂质（如盐）而得到改善。那里的环流可能会把它们带到70千米高的云顶层附近，在那里它们会被紫外线干燥，同时也会受到电离辐射的影响，也许还会经历光化学衰变。之后它们会通过云层下降，并在云层下形成孢子而存活。关键是，这些微生物可以以各种形式沿着垂直维度度过它们的整个生命周期，而完全不需要接近不适宜存活的金星表面。

这些微生物可能是那些神秘的金星大气紫外线吸收剂？根据苏联“金星”计划和先锋金星号探测器对阳光在不同高度的测量，金星大气中大部分阳光被云层吸收，只有一小部

“拂晓”号探测器通过283纳米、365纳米和900纳米滤镜拍摄的金星合成照片。

分穿过云层到达地表。正午时分，只有大约20%的阳光照射到金星表面。因此，尽管金星离太阳更近，但地表上的阳光强度与地球上阴天的阳光强度相当。在金星上太阳并不能作为一个明亮的点而被辨识出来。此外，从金星着陆器的图像中可以看出，金星的天空是橙色的，这表明金星云层吸收的电磁波大约有一半的波长短于400纳米，这个波长范围内的蓝-紫色对比特征能够微弱地被肉眼观测到，并在紫外线照片中明显可见。[27] 对这些对比特征的研究揭示了金星大气风的性质。1978年先锋金星号探测器任务上的大型探测器显示，紫外线在到达57千米高时，大部分已被完全吸收。根据金星“哈雷1号”“哈雷2号”着陆器的测量结果，氙气灯（探测器在午夜降落）照射显示紫外线吸收剂一直存在直到47千米高的云层底部。云层中吸收紫外线的层与金星微生物

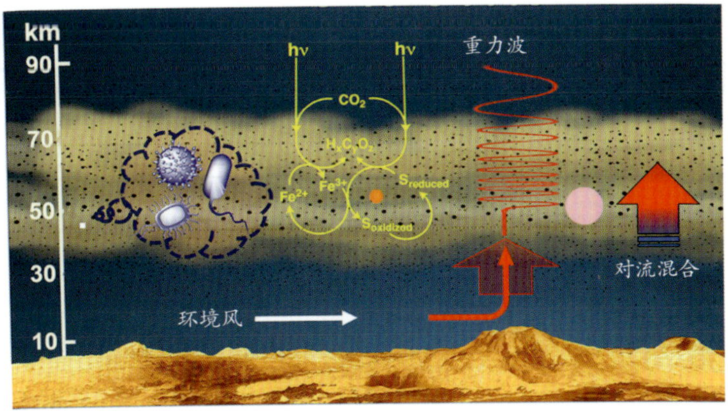

金星云层中可能存在的微生物的示意图。

的假设栖息地一致，如果它们存在的话。

不管它们是什么，这些紫外线吸收剂都是十分特殊的，因为很难理解为什么在金星的云层中存在大量的反差。除了它们的吸收特性外，云中的暗区和亮区在物理特性上没有明显的区别。那么，为什么紫外线吸收剂没有均匀混合呢？回想一下类似的例子，1994年7月苏梅克-列维9号碎片撞击木星后，木星上的黑色特征在大约一年内消失了。由于存在快速的环境风，传播的重力波以及其他不同尺度的波在金星大气中的混合动量和热量，除非有局部的源头或者汇集地，否则应该在全金星混合。

而微生物恰好符合紫外线吸收剂的这些特征。我们已经证明，地球上的细菌和蛋白质吸收的紫外线波长区域与金星上的紫外线吸收剂相同。特别是氧化亚铁硫杆菌，一种革兰氏阴性的高度嗜酸（pH为1.5～2.0）自养细菌，通过氧化亚铁或还原的无机硫或硫化合物获得能量，其吸收光谱与金星上的紫外线吸收剂非常相似。事实上，已经有人提出了一种以铁硫为基础的代谢途径，该途径适用于富集在较低云层中的微生物，可以吸收短波长光。[28] 也许博耶的基本观点最终会被证明是正确的：观测到的对比可以解释为微生物菌落的规模不断扩大，直到可用的营养物质或水耗尽，并随着时间的推移而衰败。这类似于海洋中的藻类暴发。随着死去的生物体被清除，菌落可能会出现在其他地方。

如果确实水曾在金星表面存在很长一段时间，正如目前的行星进化模型所表明的那样，那么各种微生物可能已经进化并适应了日益极端的环境条件，并在之后的几百万年中在云层中存活下来，在被干燥形成孢子和在云中得到液态水后复苏之间进行循环。这听起来可能有些牵强，但要确认这是不是真的，唯一的方法就是在不同位置和不同时段采样整个云层。

寻找金星上的生命迹象

为了证明金星云层中存在生命，我们需要某种生命迹象，即某种能够提供生命存在确凿证据的化学化合物、同位素或细胞组分。其中包括磷化氢、甲烷和氨等气体。[29] 最近，磷化氢（PH_3）引起了一波潮流，因为在2020年9月，由卡迪夫大学的简·格里夫斯（Jane Greares）领导的一个团队使用智利的阿塔卡马大型毫米/亚毫米阵列（ALMA）检测到了磷化氢。[30] 他们发现金星上磷化氢的平均含量约为十亿分之七。这个结果令人惊讶，因为磷化氢在金星的大气层中不可能存在很长时间；它的存在意味着金星大气层中肯定有什么在生成磷化氢——这很可能是微生物。格里夫斯的结果几乎立即受到了质疑，在重新审查数据时，格里夫斯和她的同事发现原始数据集包含了一个可能影响结果的假信号。然而，在使用ALMA和夏威夷的15米詹姆斯·克拉克·麦克斯韦望远镜重新进行观测时，他们再次发现了磷化氢的信号，虽然平均水平只有约十亿分之一。偶尔会达到5×10^{-9}的峰值，这表明磷化氢的丰度可能在金星的不同地区不尽相同。他们的原始论文和之后对论文的部分撤回都引起了研究人员们极大的兴趣，在此之后出现了许多关于这一主题的其他科学论文。一些研究人员声称他们根本没有发现磷化氢存在的证据，但另一些研究人员在重新分析旧的先锋金星号对金星的观测数据后又检测到了磷化氢的存在。随后有人提出，磷化氢可能不是由微生物产生的，而是由金星地幔深处的磷化合物在类似喀拉喀托火山的喷发中被释放到金星云层中，并与硫酸反应形成的。或者，磷化物可能是由外来撞击物带来的。目前，所有这些解释都是推测性的，我们并不确定金星目前是否存在火山活动，也不确定火山释放气体的速度，更不确定火山气体的可能组成成分。即使磷化合物真的能到达金星云层，它们与硫酸的相互作用是否会产生磷化氢也是一个未知数。显然，我们还需要更多的航天器观测任务。

不管紫外线吸收剂是什么，它们都能够改变云层的反照率，从而随着时间的推移改变金星的天气。在地球上，来自太阳的大部分能量都被地面吸收；与之相比，在金星上，大部分热量都沉积在云层中。行星探测器如金星快车号、“拂晓”号和信使号以及哈勃太空望远镜上的仪器都对这颗行星进行了十多年的紫外线观测，这些观测记录表明，2006年—2017年期间，金星的紫外线（365纳米波段）反照率在全球范围内下降了约一半，然后开始回升。这些变化使云层吸收的太阳能量的强度产生了很大的变化，甚至影响了云顶的纬向风。这种变化可能与云顶层的二氧化硫气体的丰度有关；但也由于记录到的最低反照率日期与太阳黑子的峰值年相对应，这似乎与太阳周期和随之而来的银河宇宙射线变化有关。[31] 这一切还相当神秘，但显然有一些非常有趣的事情正在发生。鉴于我们掌握的数据很少，金星的那片云仍然是金星上最令人困惑的事物。

作为一个被遗忘了很久的研究对象，金星又被人们重新记起了！最近批准的一系列航天器任务将有望揭示关于金星云层和其他关于金星的问题（毫无疑问，它也会带来更多的问题）。《天体生物学》（*Astrobiotogy*）杂志在2021年10月的一期中专门刊登了关于金星的专题集。该专题集记录了首次由莫斯科空间研究所主办、俄罗斯–美国“金星–D”任务联合科学定义联盟组织的有关金星云层可居住性的研讨会。第二次研讨会计划于2021年11月至12月举行，预计将讨论得出更多研究成果。我们希望找到答案的主要问题有：

1.金星一直在反向自转吗？

2.金星目前存在活火山吗？

3.金星目前的云层存在了多久？

4.金星大气和云层中吸收阳光的物质是什么？

5.金星气候是如何演变的，它是什么时候变得如此炽热的？

6.过去金星上有多少液态水？

7.金星上的水是从哪里来的？

8.如果金星的历史上大部分时间都有液态水存在，那么它是否像模型所显示的那样演化出了生命？如果是这样，生命是否进化并存活至今？

9.金星的大气环流是如何变得极其快速的？

10.金星曾经有过磁场吗？如果有，它是怎么消失的？

11.金星大气由于太阳风损失了多少？

可爱的启明星，或者叫长庚星，自古以来就被认为是我们天空中最壮丽的天体——巴比伦的“天堂女王”，它在恋人、诗人和回家找母亲的孩子们身上投下的一圈影子如同一圈迷人的光环，留存至今；即使在宇宙飞船的时代，它仍然是太阳系中最引人入胜的世界之一。尽管我们的视野不断拓展，许多未知的事物仍然存在。正如这个星球上最重要的业余学者之一，已故的理查德·鲍姆（Richard Baum)常说 的“神秘永存”。

奥秘万岁！

第十章
观测金星

由于它的光辉灿烂，金星对于使用望远镜的观测者来说是一个不可抗拒的对象。一副好的双筒望远镜就可以很容易地显示出金星的弯月相位，但是它们需要安装在一个非常稳定的平台上。行星相位的视觉证明了哥白尼的体系，令人惊讶，难以忘怀。因此，著名美国天文学家爱德华·爱默生·巴纳德（Edward Emerson Barnard）回忆起他年轻时看到金星相位的经历时曾说：“与后来发现木星的第五颗卫星相比，这次观测给我留下了更深刻和愉快的印象。”而他的同事伯纳姆（S. W. Burnham）还补充道：“尽管对天文的热情和兴趣可能永远不会减弱，但这种兴奋感一辈子或许只有一次。”[1]

然而，除了相位之外，金星通常的外观只能说是令人失望。金星被称作“望远镜观测者的零回报对象”并非空穴来风。在黑暗的天空中观测像火焰一样明亮的金星显然毫无意义，但在黎明就不一样了。大多数系统观测者偏爱在日光条件下观测，此时金星在天空中的位置更高，而它那令人炫目的光芒也会有所减弱。当金星可以用肉眼看到时，就可以用望远镜直接对准它；而当它靠近太阳时，需要设置刻度盘或者具有GoTo功能的赤道仪才能安全地将其指向正确的位置。

尽管像珀西瓦尔·洛厄尔和其他一些人只能看到辐射状

的图案一样，尤其在低口径望远镜下观测，一些细节通常是模糊不清的；但是只要有实践和决心，观测者仍可能发现藏在云雾中的一些痕迹。法国天文学家奥杜安·多尔菲斯发现，在大约放大400倍时，虚无的幻象渐渐消失，而真实的细节会一点点出现在视野里；他本人一般会放大900倍观测金星。这些细节最明显地存在于金星的晨昏线上，这让人想起比安奇尼在近3个世纪前的记载。它们的可见性取决于观测条件，以及观测者能否准确捕捉光谱中蓝色和紫色的部分。这里滤光片非常有用。红色（Wratten 23A和25）和橙色（Wratten 21）可以增强边缘和黄昏线的清晰度，但对圆面上的细节显示较少。黄色滤光片（Wratten 8，12和15）有时能让你看清一些低对比度的细节。

紫外线中的金星

我们现在知道，金星上最突出的细节是黑色的斑块，这表明了神秘的紫外线吸收剂的存在，这在弗兰克·罗斯（Frank Ross）20世纪20年代拍摄的照片中首次清晰地显示。因此问题出现了：观测者所看到的细节在多大程度上与这些细节真正地相对应，或者说有多大的真实性？这些在计算固体行星的旋转周期时被证明是毫无帮助的。

在1961年出版的《金星（第三版）》（*The Planet Venus*）中，时任英国天文协会水星和金星部主任的帕特里克·摩尔（Patrick Moore）总结了3个世纪以来观测者为确定金星自转周期所做的努力：

> 总的来说，我们不得不承认失败——就目前而言。

视觉观测者打了一场败仗；尽管我自己在1934年至今期间进行了数百次绘画，但对这个问题也给不出任何的帮助，许多更好的观测者也有这样令人沮丧的经历。即使是那些通过照相板、分光镜和射电望远镜来解决这个问题的人，也还不能说明金星绕轴旋转一次需要多长时间。我们是否能在不久的将来找到答案，还并不清楚。[2]

对金星研究来说，那是最好的时代，也是最坏的时代。这是最好的时代，因为即使是业余工作也仍然有价值；这是最坏的时代，因为几乎没有什么是我们能够确定的。摩尔以他巨大的精力和热情，做了很多事情来恢复当时业余爱好者对金星的兴趣。另一位著名的BAA观测者是来自英格兰切斯特的理查德·鲍姆（Richard Baum），他早在1950年就开始用借来的8厘米折射望远镜观测金星，当时他只有20岁，刚从皇家空军服役回来。起初，和许多人一样，他的观测一无所获；然而，在1951年2月19日，他开始发现一个暗黑的点；接着在整个观测过程中，尤其是在3月和4月，他不仅持续观测到这个暗黑的点，而且还一直看到“一系列匪夷所思的纵向暗条纹”。他把这些与帕西瓦尔·罗威尔臭名昭著的“轮轴系统”联系了起来。

摩尔当时刚刚崭露头角，1953年8月，他在切斯特的格罗夫纳博物馆发表了一场关于金星的演讲，鲍姆是听众之一。他把鲍姆的图与洛厄尔的图进行了比较；有人认为鲍姆的图片更类似于罗斯紫外线照片上的标记。这时，一个核能行业员工兼业余天文学家里德（C. D. Reid）怀疑，不同的观测者对紫外线的敏感度可能不同。由于里德自己有一个很好的光谱仪，他建议尝试一下这个实验。第二天早上，他们在里德家中一间漆黑的房间里，测试了里德、鲍姆、摩尔和哈钦斯（J. B. Hutchings）对紫外线的敏感度，但直到1954年4月，当这些人再次聚集在切斯特参加天文学会议时，测试结果才得以公布。

4月21日晚上，他们通过里德的23厘米反射望远镜观测了金星，并每人画了一张金星的草图。鲍姆的草图上呈现出一个Y形的标记，而摩尔的草图上只有模糊的斑点。观测结束后，里德总结了前一年的实验结果。显然鲍姆对紫外线十分敏感，他看得到的波长可低至320纳米左右；里德和哈钦斯在中等水平，达到370纳米左右；而摩尔表现最差，大约在400纳米。因此，对紫外线敏感度的差异似乎可以解释观

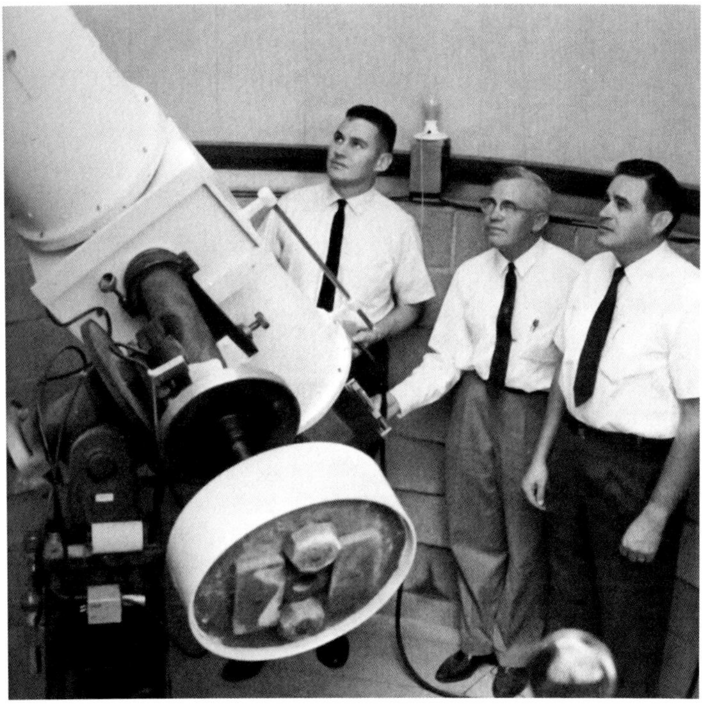

1964年，布拉德福德·史密斯、克莱德·汤博和吉姆·罗宾逊在史密斯家的后花园中的合影。当时他们正在使用直径30.5厘米反射镜在新墨西哥州立大学拍摄行星照片。在汤博的建议下，这个小组后来搬到了托尔图加斯山（当地称为A山），在1969年开始使用61厘米反射镜进行行星巡逻计划，直到1993年天文台关闭。

测者对金星的不同看法。

鲍姆深受鼓舞，并继续探求他在金星上看到的细节的真实性。1960年，他向布拉德福德·史密斯（Bradford A. Smith）提交了一些草图，后者当时正在新墨西哥州立大学用紫外线对金星进行成像。尽管史密斯发现鲍姆（和另一位观测者）画中的细节与他的紫外线照片中记录的很相似，但这些都是特例。

> 而在一般情况下，史密斯发现："我们的摄影研究已经表明，这种带状结构的高对比度依赖于波长，在紫外线中容易看到的细节可能在可见光谱的蓝紫色和蓝色区域很难找到，并完全消失于绿色和更长的波段。基于这些研究的结果，我认为你能够用视觉看到这种结构非常了不起。顺便说一句，其他视觉观测者发给我的绘画与我的紫外线照片几乎没有相似之处，因而我不得不这样说：可靠的金星观测者少之又少。"[3]

鉴于这些细节可能暗示金星微生物在上面繁衍的可能性（虽然可能性相当小），它们无疑变得更令人好奇了。但是一个视觉观测者有希望能观测到它们吗?

从黎明号和信使号的成像结果来看，这些迹象在紫外波长283～365纳米处最明显。[4]而在波长超过370纳米时逐渐消失，但正如罗斯在20世纪20年代用彩色滤镜拍摄的图像所示，在400～450纳米之间的紫色和蓝色光中，仍能勉强寻找到它们的踪迹。而从"水手10号"橙色滤镜图像和信使号的图像中可以看到，在较长的波长下也可以看到微弱的细节。

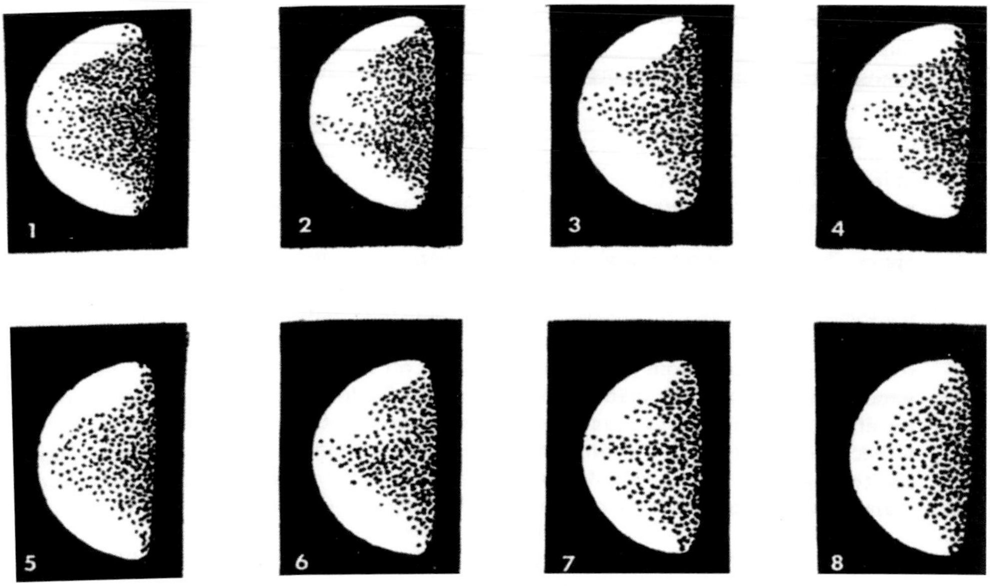

1988年3月，使用15厘米反射镜绘制的金星东侧图，放大倍数为100倍，由尤恩·阿代尔·惠特克绘制。在进行白内障手术后，惠特克发现他可以目测到317纳米以下的紫外线光，并使用一个波长小于410纳米的滤光片，轻易地观测到了金星上的紫外线特征。

想要观测紫外线特征的人应该在白天天空中寻找金星，并使用中性密度滤镜和较高的放大倍数。最好能在高海拔的环境下观测，因为大气紫外线辐射每升高1000米增加10%至12%。反射镜也比折射镜更具优势，除非折射镜采用由熔融石英或萤石制成的透镜元件，否则反射镜比折射镜更有优势，这是因为反射镜中的铝镜面涂层对紫外线有很强的反射能力，而一般的普通的消色差折射镜中的燧石玻璃会吸收波长小于350纳米的紫外线。

人眼的晶状体是紫外线识别能力的主要决定因素。成年人的晶状体几乎吸收了所有波长在400纳米以下的入射光，但在新生儿和儿童的晶状体中，存在一个波长在320纳米左右小的透射窗口，直到10岁左右才会消失。8岁时人眼的吸收峰值为365纳米，但在65岁时会下降到450纳米；事实上，对于老年人来说，他们的晶状体会变非常黄，就像一片黄色（甚至橙色）的滤光片。[5] 然而和任何其他生理参数

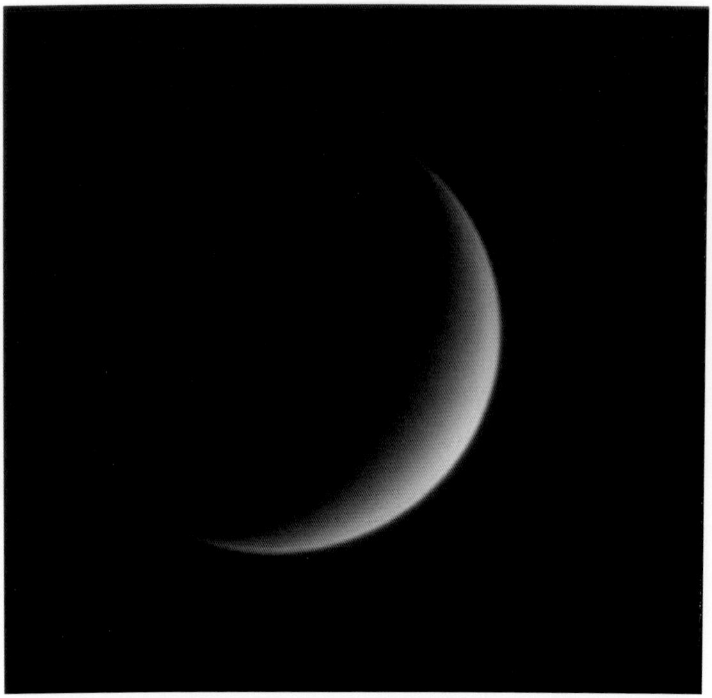

温柔而可爱的金星。这张照片是威廉·莱瑟巴罗于2020年5月7日在英国谢菲尔德使用一架30.5厘米马克苏托夫-卡塞格林望远镜和一个742纳米波段的滤镜拍摄的，该图像与可见光和近红外波长的常规视图相对应。

一样，个体之间存在显著差异。在一次尸体剖检中，发现一个24岁的人的晶状体在330纳米的波长处有一个明显的透射窗口。不过，总体而言年轻人可能是对紫外线特征的最佳观测者。

做过白内障手术的老年人是一个例外。这里值得一提的是著名月球学家尤恩·阿代尔·惠特克（Ewen A. Whitaker）的一个实验。66岁时，惠特克进行了白内障手术，并在他的右眼植入了一个不带常见的防紫外线涂层的塑料晶体，这使他能够看到波长约为317纳米的紫外光。他用一个15厘米反射镜和一个中性密度滤光片对金星进行了多次观测，并观测到了明显的紫外线特征。对此他写道，它们看起来“非常类似于肉眼看到的月海”。[6]

拍摄金星

除了可能观测到紫外线特征的肉眼观测外，具有最大应用前景的还是电子成像。通过电荷耦合器件和蓝色或紫色滤镜（其中Wratten 38A适用于小于15厘米望远镜，Wratten 47适用于更大的口径）进行成像，可以清楚地显示紫外线特征，其中最明显的是行星尺度的暗“Y”形特征，它以4～5天为一个周期出现。然而，它经常在一个出现期与下一个出现期之间发生明显变化，这值得我们深入研究。如前文所述，反射式望远镜是最好的选择，因为铝涂层可以更好地反射紫外线短波。另外，最好避免使用折射镜，除非是那些特殊的带有熔融石英或添加萤石的镜片。在普通的消色差镜片中，燧石玻璃元件会吸收大部分紫外光，并且吸收了几乎所有的波长小于350纳米的光线。[7]

视觉观测者和成像者都应该密切关注偶尔出现的极冠的减弱或延伸（当金星与太阳的角距离在2°左右时，尤其是在下合附近可以看见后者）。晨昏处偶尔会出现凹凸不平的现

这是一张业余爱好者用巴德尔紫外线滤镜和32.75厘米牛顿反射镜拍摄的照片，展示了金星云层中的复杂细节。

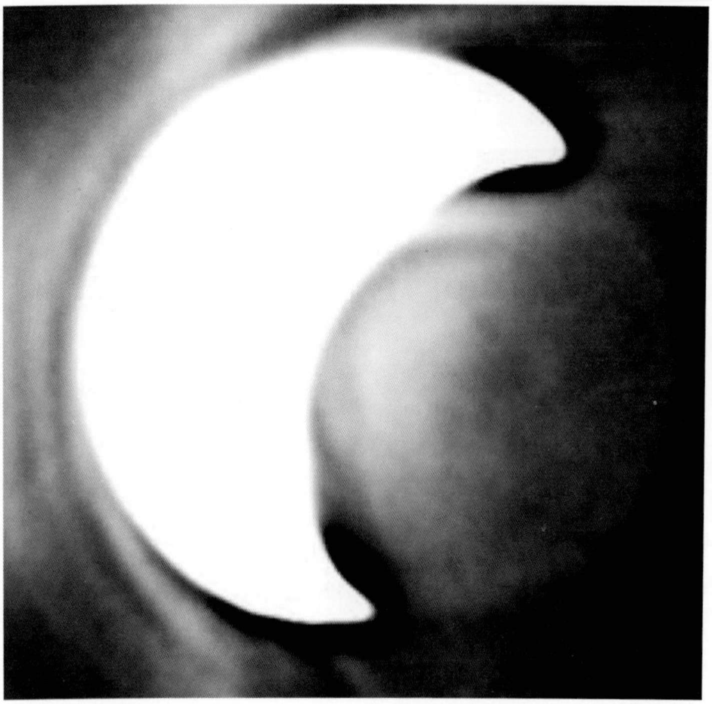

这是一张拍摄于2004年5月的照片，来自法国布鲁兹的克利斯朵夫·佩利，他使用了一台36厘米施密特-卡塞格伦望远镜、一个摄像头和一片1000纳米红外滤镜，成功地记录下了金星夜半球的热辐射。一些海拔高温度低的地区在过曝部分右侧的暗区中呈现出淡淡的黑点。

象，由乔瓦尼·斯基亚帕雷利（Giovanni Schiaparelli）在1877年首次发现，在某些时候非常显眼，给人一种极冠被分为了两个点的感觉。这些特征被认为是由于云团的高低不平而形成的。此外，“施罗特效应”也起到了很重要的作用，这是由约翰·赫罗尼姆斯·施罗特（Hieronymus Schroeter）在1793年发现的现象，由于阳光会在金星大气层上方的气体中散射，导致金星会比理论上的二分相时间点提早几天呈现出半相状态。

1813年，格里图森使用一台仅60毫米折射镜首次发现了金星明亮的极冠，和周围环绕着的昏暗领圈。长期以来，人们一直认为它们是不存在的，但通过“水手10号”“先锋金星号”和其他航天器拍摄到的清晰的极地气旋不约而同地证实了它们的存在。这些暗圈对应的是环绕金星两极的冷云带，它们的纬度约为70°。而且有时它们可能会分裂成两个或多个离散的亮点，有时在大小和亮度上还会发生剧变，但极冠通常被视为一种明亮的无定形结构。此外，极冠通常是不对称的，南极冠通常比北极冠更大、更亮。

天文学上的“尼斯湖”：暗淡之光

正如我们现在所知，金星的表面非常炽热，并在向外辐射波长为1000～2000纳米的红外线。由于金星的大气层并不吸收这些波长的光，所以理论上金星的表面地形可以透过云层成像，而其中温度较低的地区会比周围地区看起来更暗。[8] 现在，借助CCD成像，即使是业余爱好者也可以轻易观测到肉眼看不见的地表特征。事实证明，罗斯在开创性地使用彩色滤镜观测中，完美错过了这些特征；因为他的红外滤光片只允许波长超过900纳米的光透过，所以他刚好错过了这个机会。需要强调的是，夜半球的热辐射远远低于普通手段能够探测的范围，但这与所谓的“暗淡之光”无关。“暗淡之光”是由处于1643年乔瓦尼·里乔利（Giovanni Riccioli）那个时代的视觉观测者不时发现的夜半球发出苍白的光的现象。这似乎是一种幻觉，尽管最终还尚无定论。[9]

如今，随着航天技术的发展，已经有了许多围绕金星运转的探测器，业余爱好者在科学研究领域的帮助变得相当有限，但毫无疑问，金星仍然是世界上最有吸引力的对象之一，它将永远值得我们欣赏和思考。正如理查德·鲍姆（Richard Baum）曾经写的那样：“在那些描述性文献中，金星通常声名狼藉。但任何一个天文人都知道情况并非如此。她是一个美好的事物，让人着迷，也让人沮丧。”[10]

回望其中，不虚此行。

附录一：
金星基础数据

（来源：美国国家空间科学数据档案馆）

指标	金星	地球	金–地比例
质量（10^{24} kg）	4.8675	5.9724	0.815
体积（10^{10} km^3）	92.843	108.321	0.857
赤道半径（km）	6051.8	6378.1	0.949
极半径（km）	6051.8	6356.8	0.952
平均半径（km）	6051.8	6371	0.95
离心率（平均）	0	0.00335	0
平均密度（kg/m^3）	5243	5514	0.951
表面重力（赤道处）（m/s^2）	8.87	9.8	0.905
表面重力加速度（赤道处）（m/s^2）	8.87	9.78	0.907
逃逸速度（km/s）	10.36	11.19	0.926
格林尼治天文平时（$\times 10^6$ km^3/s^2）	0.32486	0.3986	0.815
球面反照率	0.77	0.306	2.52
几何反照率	0.689	0.434	1.59
V星等（1，0）	−4.38	−3.99	–
太阳辐照度（W/m^2）	2601.3	1361	1.911
黑体温度（K）	226.6	254	0.892
地形起伏范围（km）	13	20	0.65
惯性矩（I/MR^2）	0.33	0.3308	0.998
J_2（$\times 10^{-6}$）	4.458	1082.63	0.004

轨道数据

半长轴（AU）	0.72333199
轨道偏心率	0.00677323
轨道倾角（°）	3.39471
升交点经度（°）	76.68069
近日点经度（°）	131.53298
平均经度（°）	181.97973

取AU=149

自转北极

赤经：272.76°

赤纬：67.16°

参考时：美国2000年1月1日12时（JD 2451545.0）

金星观测参数

与地球的距离	
最小值（10^6 km）	38.2
最大值（10^6 km）	261
地球视直径	
最大值（弧秒）	66
最小值（弧秒）	9.7
最大视幅	−4.8
地球低合点平均值	
与地球的距离（10^6 km）	41.44
视直径（弧秒）	60.2

（续表）

金星大气层	
表面压强	92bar
表面密度	~65 kg/m^3
均匀大气高度	15.9 km
大气总质量	~4.8 × 10^{20} kg
平均温度	737 K（464℃）
地表温度日变化范围	−148～121℃
风速	0.3~1.0 m/s（平均表面1 m高度）。在北纬45°，70km高度上升到大约130 m/s，在赤道稍慢，在两极下降到零
平均分子量★	43.45
大气组成（近地表，按体积计算）	
主要成分（体积百分比）★	96.5%二氧化碳，3.5%氮气
次要成分（10^{-6}）	二氧化硫（150）；氩气（70）；水（20）；一氧化碳（17）；氦气（12）；氖气（7）
还存在许多其他微量化学物质	

★总体成分在海拔高度在60km以下变化，氮含量从60km时的5%下降到22km时的3.4%

附录二：
成功的金星探测任务

任务名称	机构	发射日期	到达/末次联系日期	备注
水手2号	美国航空航天局	1962年8月27日	近天体飞行：1962年12月14日—1963年1月3日	历史上首次成功的行星任务。红外辐射计的数据显示边缘变暗，证明了高表面温度
金星4号进入探测器	苏联航空航天设计局	1967年6月12日	进入：1967年10月18日	装有仪器的宇宙飞船首次进入另一个行星的大气层。首次表明大气中含有大量二氧化碳
水手5号	美国航空航天局	1967年6月14日	近天体飞行：1967年10月19日 末次联系：1968年11月5日	首次演示无线电掩星技术，通过无线电信号的弯曲来描绘一颗行星的电离层（电子密度）和中性大气
金星5号进入探测器	苏联航空航天设计局	1969年1月5日	进入：1969年5月16日	第二个进入夜半球大气层的探测器，在53分钟的下降过程中从大气层深处（26.1巴，约25千米高度）发送数据
金星6号进入探测器	苏联航空航天设计局	1969年1月10日	进入：1969年5月17日	与金星5号相同。数据传输了51分钟，下降到距离地表约10千米处，且也是在夜间
金星7号进入探测器	苏联航空航天设计局	1970年8月17日	着陆：1970年12月15日	第一个从另一个行星表面发回数据的探测器

续表一

任务名称	机构	发射日期	到达/末次联系日期	备注
金星8号进入探测器	苏联航空航天设计局	1972年3月27日	进入：1972年7月22日	探测器下降到地表时首次对大气进行了广泛测量
水手10号	美国航空航天局	1973年11月3日	近天体飞行：1974年2月5日	金星的第一张宇宙飞船图像，证实了大气超旋转和全球环流在每个极点的涡旋组织
金星9号着陆器和轨道飞行器	苏联航空航天设计局	1975年6月8日	着陆器进入：1975年10月22日	着陆器在表面拍摄第一张表面图像。第一个环绕金星的轨道飞行器。用扫描相机拍摄了一些紫外线图像，苏联轨道飞行器首次对大气进行了无线电掩星调查。在探测器下降过程中还检测到闪电（电活动）和雷声
金星10号着陆器和轨道飞行器	苏联航空航天设计局	1975年6月14日	着陆器进入：1975年10月25日	与金星9号相同，从另一个位置发送了表面的照片
金星11号着陆器	苏联航空航天设计局	1978年9月9日	着陆：1978年12月25日	在下降过程中对大气层进行采样，并从表面取样95分钟。探测到闪电（电活动）和雷声
金星12号着陆器	苏联航空航天设计局	1978年9月14日	着落：1978年12月21日	与金星11号相同，进行土壤取样
金星多探测器	美国航空航天局	1978年8月8日	进入：1978年12月9日	一艘火箭载着一个较大的探测器和三个较小的探测器，从大约62千米的高度向地表返回大气数据

续表二

任务名称	机构	发射日期	到达/末次联系日期	备注
先驱者12号	美国航空航天局	1978年5月20日	入轨：1978年12月4日 任务结束：1992年10月8日	第一个绘制行星地图的雷达，通过无线电掩星和基于自旋扫描技术的全球成像和偏振测量对大气进行广泛探测
金星13号着陆器	苏联航空航天设计局	1981年10月30日	着陆：1982年3月1日	从表面拍摄的第一张彩色全景图；质谱仪分析
金星14号着陆器	苏联航空航天设计局	1981年11月4日	着陆：1982年3月5日	与金星13号相同，也发送了表面的彩色图像；着陆后拍摄
金星15轨道飞行器	苏联航空航天设计局	1983年6月2日	1983年10月10日	侧视雷达，首次使用干涉测绘
金星16号轨道飞行器	苏联航空航天设计局	1983年6月7日	1983年10月11日	与金星15号相同，以1千米～2千米分辨率绘制了金星北半球
织女星1号气球和着陆器	苏联航空航天设计局	1984年12月15日	着陆：1985年6月11日 气球发送数据48小时	织女星号是第一个漂浮在另一个行星大气层的气球。在约54千米的高空收集48小时的温度和压力数据，并由VLBI通过全球20个站点网络跟踪。两个着陆器都检测到在47千米高度存在紫外线（220～400 nm）吸收剂。 X射线荧光光谱仪还检测到铁、硫和铝化合物的存在
织女星2号气球和着陆器	苏联航空航天设计局	1984年12月21日	着陆：1985年6月15日 气球发送数据48小时	

续表三

任务名称	机构	发射日期	到达/末次联系日期	备注
麦哲伦号金星探测器	美国航空航天局	1989年5月4日	入轨：1990年8月10日	源于已取消的金星轨道飞行器成像雷达中项目，麦哲伦号由备件建造，由航天飞机携带升空。以200米分辨率绘制了97%的金星表面，并在100千米的范围里以100米垂直分辨率测量了地形。第一艘使用气动制动来减小轨道尺寸的航天器
伽利略号木星探测器	美国航空航天局	1989年10月18日	最接近：1990年2月9日	航天器首次在近红外光谱中拍摄金星夜侧图像。探测到被解释为由闪电引起的电活动
卡西尼轨道飞行器	美国航空航天局/欧洲航天局	1997年10月15日	第一次飞越：1998年4月26日 第二次飞越：1999年6月24日	没有探测到与闪电有关的电活动。这台仪器是伽利略号飞行仪器的改进版本。探测到远紫外线（80～120 nm）白天气辉
金星快车轨道器	欧洲航天局	2005年11 月9日	入轨：2006年4月11日 末次联系：2015年1月19日	得到南半球近红外大面积夜间侧成像和金星大气结构的第一个太阳和紫外线恒星掩星数据
拂晓号金星探测器	日本宇宙航空研究开发机构	2010年5月20日	第一次尝试：2010年12月7日 第二次尝试：2015年12月7日 仍在运行	唯一获得第二次进入轨道机会的航天器（日本宇宙航空研究开发机构的Nozomi在第一次尝试失败后第二次尝试未能进入轨道）。在近红外数据中发现了夜侧的新形态。拍摄第一张全球热红外图像。可能有闪电的光学探测

续表四

任务名称	机构	发射日期	到达/末次联系日期	备注
帕克太阳探测器	美国航空航天局/欧洲航天局	2018年8月12日	（1）2018年10月3日 （2）2019年12月26日 （3）2020年7月11日 （4）2021年2月20日 （5）2021年10月16日 （6）2023年8月21日 （7）2024年11月6日	6年内7次飞越金星。Ka波段的无线电掩星计划将在未来进行近天体飞行
贝皮科伦号水星探测器	欧洲航天局/日本宇宙航空研究开发机构	2018年10月20日	（1）2020年10月 （2）2021年8月	收集第一次飞越金星时的观测数据 计划在第二次飞越中进行更多观测
太阳轨道飞行器	欧洲航天局/美国航空航天局	2020年2月10日	（1）2020年12月26日 （2）2021年8月8日 （3）2022年9月3日 （4）2025年2月18日 （5）2026年12月24日	五次飞越金星。将对金星进行一些成像和等离子体环境观测
木星冰月探测器	欧洲航天局	2023年12月	待定	待定

附录三：
金星凌日（1631—2255）

1631年12月7日

1639年12月4日

1761年6月6日

1769年6月4日

1874年12月9日

1882年12月6日

2004年6月8日

2012年6月6日

2117年12月11日

2125年12月8日

2247年6月9日

2255年6月9日

专用词汇表缩写

美国国家航空航天局和史密森尼学会为机器人航天器命名的风格惯例在所有章节中都被采用：斜体字仅用于航天器的专用名称，如*挑战者号*。对于本书中提到的测量单位，除了包括华氏度、摄氏度转换的部分外，我们只使用了公制单位。

以下是一些数据，以阐明读者可能不熟悉的信息。

光速：299,792,458 米/秒

时间

1秒（s）：

是铯-133原子基态的两个超精细能级之间跃迁所对应的辐射的9 192 631 770个周期的持续时间

地球日：

平均恒星日（春分到春分）= 86 164.0907秒

平均自转（固定星到固定星）= 86 164.0991秒

天（d）= 86 400秒

平均太阳日 = 86 400.002秒

地球年（yr）：

恒星年（固定星到固定星）= 365.256363天 = 3.15×10^7秒

100万年（Myr）：10^6年

10亿年（Gyr）：10^3 Myr = 10^9年

长度

1天文单位（AU ）：1.495978707×1011米 = 9.314221863×10^7英里

1米（m）：光在真空中299 782 458^{-1}秒传播的距离

1千米（km）：10^3米 = 0.621371 英里

1英里 *（mi.）：1.609344千米

1厘米（cm）：10^{-2} 米 = 0.393701英寸

1毫米（mm）：10^{-3}米

1微米（μm）：10^{-6}米

1纳米（nm）：10^{-9}米

1埃*（Å）：0.1纳米

*表示已弃用的单位；等式右侧的单位优先

温度

开尔文温标是根据绝对零点定义的，其中1开尔文与摄氏温标上的1℃表示相同的温差。请注意，由于它是一个绝对温标，开尔文不被称为或写为°K。

摄氏温标是根据绝对零点和水的三相点（固态、液态和蒸气共存的压力/温度条件）定义的，使得绝对零点 = 0开尔文 = 273.15℃，水的三相点定义为273.16 K。

华氏温标是一个现已弃用的尺度，其中水的冰点为32°F，沸点为212°F。

（它仍然是美国及其附属领土和其他 一些国家的官方

温标）

华氏温度转换为摄氏温度的公式为 C =（f−32）F × 5/9

摄氏温度转换为华氏温度的公式为 F =（c × 9/5）+ 32F

压力

1帕斯卡（Pa）：1牛顿/平方米

1巴：100 000帕斯卡，略低于地球当前的平均大气压（约1.013巴），等于14.5038磅/平方英寸。

1毫巴：10^{-3}巴 = 100帕斯卡

角度测量

2π弧度 = 360°

1°（度）= 60′（角分）

1′（角分）= 60″（角秒）

atm = 标准大气压

拓展书目

金星

Bengtsson, L., et al., eds, *Towards Understanding the Climate of Venus* (New York, Heidelberg, Dordrecht and London, 2013)

Bouger, S.W., D. M. Hunten and R. J. Phillips, eds, *Venus*, vol. II: *Geology, Geophysics, Atmosphere, and Solar Wind Environment* (Tucson, AZ, 1997)

Cattermole, Peter, and Patrick Moore, *Atlas of Venus* (Cambridge, 1997)

Grinspoon, David H., *Venus Revealed: A New Look below the Clouds of Our Mysterious Twin Planet* (Reading, MA, 1997)

Hunten, D. M., et al., *Venus* (Tucson, AZ, 1983)

Mackwell, S. J., et al., *Comparative Climatology of Terrestrial Planets* (Tucson, AZ, 2013)

Meadows, V. S., et al., *Planetary Astrobiology* (Tucson, AZ, and Houston, TX, 2020)

Marov, Mikhail Ya., et al., *The Planet Venus* (New Haven, CT, 1998)

Moore, Patrick, *The Planet Venus*, 1st edn (London, 1956)

Roth, Ladislav E., and Stephen D. Wall, *The Face of Venus: The Magellan Radar-Mapping Mission* (Washington, DC, 1995)

金星凌日

Lomb, Nick, *Transit of Venus 1631 to the Present* (New York, 2011)

Sellers, David, *The Transit of Venus: The Quest to Find the True Distance of the Sun* (Leeds, 2001)

Sheehan, William, and John Westfall, *The Transits of Venus* (Amherst, NY, 2004)

Westfall, John, and William Sheehan, *Celestial Shadows: Eclipses, Transits, and Occultations* (New York, Heidelberg, Dordrecht and London, 2015)

地图

Venus Map Catalog, U.S. Geological Survey (listed and downloadable at www.lpi.usra.edu/resources/venus_maps)

参考文献

第一章 长庚星

1 That Keats had Venus in mind in writing this sonnet rather than some other object such as the North Star can be argued on internal evidence; only a planet is 'steadfast' rather than twinkling, and when Venus is near its greatest elongations it appears 'in lone splendour', far outshining every other planet or star.

2 Otto Neugebauer, *The Exact Sciences in Antiquity* (New York, 1969), p. 81.

3 J.L.E. Dreyer, *A History of Astronomy from Thales to Kepler* [1906] (New York, 1953), pp. 4–5.

4 Jean Meeus, *More Mathematical Astronomy Morsels* (Richmond, VA, 2002), p. 349.

5 Hans J. Nissen and Peter Heine, *From Mesopotamia to Iraq: A Concise History* (Chicago, IL, and London, 2009), p. 23.

6 Patricia Monaghan, *Encyclopedia of Goddesses and Heroines* (Novato, CA, 2014), p. 39.

7 Nissen and Heine, *Mesopotamia to Iraq*, p. 58.

8 Roberta Binkley, 'Reading the Ancient Figure of Enheduanna', in *Rhetoric Before and Beyond the Greeks*, ed. Carol S. Lipson and Roberta A. Binkley (Albany, NY, 2004), p. 47.

9 See 'The Exaltation of Inanna: Opening Lines and Excerpts', www.thehypertexts.com, accessed 17 August 2021.

10 John Ruskin, *Modern Painters* (London, 1906), vol. I, pp. 216–17.

11 Antonie Pannekoek, *A History of Astronomy* [1961] (New York, 1989), p. 33.

12 Joseph Campbell, *The Hero with a Thousand Faces*, 2nd edn (Princeton, NJ, 1968), p. 1080.

13 In John Milton, *Complete Poems and Major Prose*, ed. Merritt Y. Hughes (Indianapolis, IN, and New York, 1957), book I, lines 437–40.

14 *Iliad*, xxii. In this passage, Athene has tricked Hector, who has been fleeing Achilles (approaching, and glaring like the rising Sun), to stand his ground.

As Achilles charges forward, the glint of his spear appears like the evening star.

15 Translation by Mary Barnard, ed. and trans., *Sappho: A New Translation* (Oakland, CA, 2019), p. 14.

16 Alfred, Lord Tennyson, *In Memoriam A.H.H.*, CXXI; see www.poetryfoundation.org, accessed 17 August 2021.

17 According to the third-century CE biographer Diogenes Laertius (viii, 14), 'they say he (that is, Pythagoras) first said that Hesperos and Phosphoros are the same, as Parmenides says.'

18 Aristotle, *Metaphysics*, 986b.

19 Apart from the Pythagorean theorem, one of his other discoveries, and perhaps the most important, was that when the string of a musical instrument such as a cither or lyre is plucked, it produces a set of harmonics.

第二章　望远镜：新阶段的开始

1 For full details, see William Sheehan, *Mercury* (London, 2018), pp. 13–28.

2 See Owen Gingerich, 'Galileo and the Phases of Venus', in *The Great Copernican Chase and Other Adventures in Astronomical History* (Cambridge, MA, and Cambridge, 1992), pp. 98–104 (p. 98).

3 Antonie Pannekoek, *A History of Astronomy* [1961] (New York, 1989), p. 35.

4 Ibid.

5 Ibid.

6 Patrick Moore, *The Planet Venus*, 3rd edn (London, 1961), p. 36.

7 At night the pupil diameter is greater, around 9 mm, and the theoretical resolution of the eye would be less. However, under those circumstances, the observation would be even more difficult, because of the overwhelming glare of the planet.

8 Moore, *The Planet Venus*, p. 36. Stephen J. O'Meara, personal communication, August 1988.

9 Sheehan, *Mercury*, p. 20.

10 William Sheehan and John Westfall, *Transits of Venus* (Amherst, NY, 2004), p. 67.

11 John Westfall and William Sheehan, *Celestial Shadows: Eclipses, Transits, and Occultations* (New York, 2015), p. 268.

12 Quoted in Sidney Bertram Gaythorpe, *Jeremiah Horrocks: 'The Pride and Boast of British Astronomy'*, ed. David Sellers (Leeds, 2020), p. 10.

13 Sheehan and Westfall, *Transits of Venus*, p. 82.

14 Ibid., p. 29.

15 Ibid., p. 84.

16 Ibid., p. 85.

17 Gaythorpe, *Jeremiah Horrocks*, p. 37.

第三章　17世纪和18世纪的探险

1 F. Arago, *Astronomie Populaire* (Paris, 1827), vol. II, p. 533.
2 Sir John Frederick William Herschel, *Outlines of Astronomy*, 4th edn (Philadelphia, PA, 1861), p. 272.
3 William F. Denning, *Telescopic Work for Starlight Evenings* (London, 1891), pp. 146–7.
4 The definitive account is Helge Kragh, *The Moon That Wasn't: The Saga of Venus' Spurious Satellite* (Basel, 2008).
5 Christiaan Huygens, *Cosmotheoros, The Celestial Worlds Discover'd* (London, 1698), pp. 109–10.
6 Richard Baum and William Sheehan, 'G. D. Cassini and the Rotation of Venus', *Journal of the History of Astronomy*, XXIII (1992), pp. 299–301.
7 Francesco Bianchini, *New Phenomena of Hesperus and Phosphorus, or rather Observations Concerning the Planet Venus*, trans. S. Beaumont and P. Fay (London, 1996), p. 24.
8 An 'aerial' telescope was a type commonly used in the pre-achromatic era. First introduced about 1675 and employed by Christiaan Huygens and his brother Constantijn (it is not clear that they invented it), the lens was set on a mast or other support and let down, rotated, or extended to the eyepiece by means of a thread.
9 This can be inferred from modern spectrophotometric transmittance curves for the lenses made by Campani and other pioneering telescope-makers. See Giorgio Strano, *Galileo's Telescope: The Instrument That Changed the World* (Florence, 2008), p. 74. Venusian is the form most often used, though some authors still prefer the 'more tasteful' Cytherean – from Cythera, in Cyprus, near where the Greek goddess Aphrodite was supposed to have been born in the sea. Other terms used in the older literature include venusuvian, venerean and even occasionally venereal. We propose to stick with venusian.
10 Rev. T. W. Webb, *Celestial Objects for Common Telescopes* [1917], 6th edn (New York, 1962), vol. I, p. 68. One of us (W. S.) has seen such a globe, of uncertain provenance, in Christ Church library at Oxford.
11 See Sheehan, *Mercury*, p. 24.
12 See Sheehan and Westfall, *Transits of Venus*, Chapters Eight and Nine.
13 Ibid., p. 152.
14 G. Schneider, J. M. Pasachoff and Leon Golub, 'TRACE Observations of the 15 November 1999 Transit of Mercury and the Black Drop Effect: Considerations for the 2004 Transit of Venus', *Icarus*, CLXIII (2004), pp. 249–56.
15 The claim was vigorously promoted by the famous Soviet astronomer V. V. Sharanov. See 'Lomonosov as an Organizer of the Transit of Venus in 1761 in

Russia and his Discovery of the Atmosphere of Venus', in M. V. Lomonosov, *Complete Works*, ed. S. Vavilov and T. Kravets (Moscow and Leningrad, 1955), vol. IV, pp. 7–40.
16 Jay M. Pasachoff and William Sheehan, 'Lomonosov, The Discovery of Venus's Atmosphere, and Eighteenth-Century Transits of Venus', *Journal of Astronomical History and Heritage*, XV (2012), pp. 3–14.
17 P. Tanga et al., 'Sunlight Refraction in the Mesosphere of Venus during the Transit on June 8th, 2004', *Icarus*, CCXVIII (2012), pp. 207–19.

第四章　一颗充满幻想的星球和一些事实

1 E. E. Barnard, 'Physical and Micrometrical Observations of the Planet Venus Made at the Lick Observatory with the 12-inch and 36-inch Refractors', *Astrophysical Journal*, V (1897), p. 300.
2 Often Schröter in the English-speaking literature, though Schroeter is to be preferred, since this is the form the astronomer himself always used.
3 Richard Baum, *The Haunted Observatory: Curiosities from the Astronomer's Cabinet* (Amherst, NY, 2007), p. 147.
4 H. N. Russell's method of using the observed extensions to estimate the atmospheric height and density of the venusian atmosphere was published in his paper, 'The Atmosphere of Venus', *Astrophysical Journal*, IX (1899), pp. 284–99.
5 Baum, *Haunted Observatory*, p. 162.
6 Ibid., p. 137.
7 Willy Ley, *Rockets, Missiles and Space Travel* (New York, 1951), p. 36.
8 Richard Baum, 'Franz von Paula Gruithuisen and the Discovery of the Polar Spots of Venus', *Journal of the British Astronomical Association*, CV (1995), pp. 144–7.
9 E. M. Antoniadi, 'Notes on the Rotation Period of Venus', *Monthly Notices of the Royal Astronomical Society*, LVIII (1898), p. 313.
10 Barnard, 'Physical and Micrometrical Observations', p. 299.
11 See Sheehan, *Mercury*, pp. 41–6.
12 P. Lowell, 'The Rotation Period of Venus', *Astronomische Nachrichten*, 3406 (1897), col. 361.
13 E. M. Antoniadi, *English Mechanic*, VI (1898), p. 474.
14 William Graves Hoyt, *Lowell and Mars* (Tucson, AZ, 1976), pp. 110–11.
15 William Sheehan and Thomas Dobbins, 'The Spokes of Venus: An Illusion Explained', *Journal for the History of Astronomy*, XXXIV (2003), pp. 53–64.
16 P. Lowell, *Mars and Its Canals* (New York, 1906), p. 178n.
17 J. M. [Mc] Harg, *Gazette Astronomique*, I (1908).
18 Frank E. Seagrave, 'Venus', *Popular Astronomy*, XXVII (1919), p. 406.

19 W. W. Coblentz, *From the Life of a Researcher* (New York, 1951), pp. 158–9.
20 Percival Lowell, *The Evolution of Worlds* (New York, 1909), p. 80.
21 For a list, see Patrick Moore, *The Planet Venus*, 3rd edn (London, 1961), Appendix 2, 'Estimated Rotation Periods', p. 133.
22 F. E. Ross, 'Photographs of Venus', *Astrophysical Journal*, VI (1928), p. 82.
23 Audouin Dollfus, 'Visual and Photographic Studies of Planets at the Pic du Midi', in *Planets and Satellites*, ed. G. P. Kuiper and B. M. Middlehurst (Chicago, IL, 1961), p. 554.
24 For this and the following section, see William Sheehan and Thomas Dobbins, 'Charles Boyer and the Clouds of Venus', *Sky and Telescope*, XCVII (1999), pp. 56–60.
25 Ibid., p. 60.
26 Ibid.

第五章　追逐光谱

1 See Stephen Case, *Making Stars Physical: The Astronomy of Sir John Herschel* (Pittsburgh, PA, 2018).
2 Jules Janssen, 'Sur l'absorption de la chaleur rayonnante obscure dans les milieu de l'oeil', *Annales de Physique et de Chimie*, 3rd series, LX (1860), pp. 71–93.
3 Françoise Launay, *The Astronomer Jules Janssen: A Globetrotter of Celestial Physics* (New York, 2012), p. 31.
4 For more details, see William Sheehan and John Westfall, *Transits of Venus* (Amherst, NY, 2004).
5 Ibid., p. 115.
6 See 'Pierre-Jules-César Janssen', Who's Who of Victorian Cinema, www.victorian-cinema.net/janssen, accessed 18 August 2021.
7 Sheehan and Westfall, *Transits of Venus*, p. 255.
8 A comprehensive account of the nineteenth-century British transit expeditions is Jessica Ratcliff, *The Transit of Venus Enterprise in Victorian Britain* (London, 2008).
9 Sheehan and Westfall, *Transits of Venus*, p. 278.
10 Launay, *Jules Janssen*, p. 118.
11 Ibid., p. 119.
12 W. S. Adams and T. Dunham, 'Absorption Bands in the Infra-Red Spectrum of Venus', *Publications of the Astronomical Society of the Pacific*, XLIV (1932), pp. 243–5.
13 Arthur Adel, American Institute of Physics Oral History Interview with Robert W. Smith, 12 August 1987, www.aip.org, accessed 10 August 2021.
14 Audouin Dollfus, 'Pioneering Balloon Astronomy in France', *Sky and Telescope*, LXVI (1983), pp. 381–6.

15 J. Strong, J., M. D. Ross and C. B. Moore, 'Some Observations of the Atmosphere of Venus and the Earth during the Strato Lab IV Balloon Flight', *Journal of Geophysical Research*, LXV (1960), p. 2526.

第六章　新时代：雷达和航天器

1 Carl Sagan, '*The Radiation Balance of Venus*', Technical Report no. 32–4 (1960).
2 Andrew Freedman and Chris Mooney, 'Earth's Carbon Dioxide Levels Hit Record High, Despite Coronavirus-Related Emissions Drop', www.washingtonpost.com, 4 June 2020.
3 R. M. Goldstein and R. L. Carpenter, 'Rotation of Venus: Period Estimated from Radar Measurements', *Science*, CXXXIX/3558 (1963), pp. 910–11.
4 I. I. Shapiro, 'Resonance Rotation of Venus', *Science*, CLVII (1967), pp. 423–5.
5 It was common in the early days of planetary exploration to build two identical spacecraft so that in case of failure, the second could be used. The U.S. missions did not launch the second unit, but the Soviets tended to launch both, resulting in two spacecraft arriving just days apart: Venera 7 and 8, Venera 9 and 10, Venera 13 and 14, Venera 15 and 16, as well as the final missions, VeGa 1 and VeGa 2.
6 Carl Sagan, 'The Radiation Balance of Venus', Technical Report no. 32–4 (15 September 1960).
7 As noted by Robert Reeves, *The Superpower Space Race: An Explosive Rivalry through the Solar System* (New York, 1994), p. 170.
8 V. S. Avduevsky et al., 'Model of the Atmosphere of the Planet Venus based on Results of Measurements Made by the Soviet Interplanetary Station Venera 4', *Journal of the Atmospheric Sciences*, XXV (1968), pp. 537–45.
9 V. S. Avduevsky, M. Ya. Marov and M. K. Rozhdestvensky, 'A Tentative Model of the Venus Atmosphere Based on the Measurements of Venera 5 and 6', *Journal of the Atmospheric Sciences*, XXVII (1970), pp. 561–8.
10 Peter D. Ward, *Under a Green Sky* (Washington, DC, 2007), p. xii.
11 See J. Touma and J. Wisdom, 'Evolution of the Earth–Moon System', *Astronomical Journal*, CVIII (1994), pp. 1943–61.
12 Alexandre C. M. Correia and Jacques Laskar, 'The Four Final Rotation States of Venus', *Nature*, CDXI/6839L (2001), pp. 767–70.
13 Bruce Bills, 'Variations in the Rotation Rate of Venus Due to Orbital Eccentricity Modulation of Solar Torques', *Journal of Geophysical Research*, CX:E11007 (2005).

第七章　云由什么构成?

1 The Venera probes (5–8) had already shown the superrotation of the deep atmosphere from line-of-sight Doppler tracking. The four probes on the Pioneer Venus Multiprobe mission in 1978 used Differential Long Baseline Interferometry (DLBI) tracking that did not rely on line-of-sight Doppler and allowed the north–south component to be determined by all four probes. However, these were below 64 km. Mariner 10 provided the latitudinal profiles of the east–west and north–south winds at 70 km, the level of the cloud tops.

2 J. E. Ainsworth and J. R. Herman, 'Venus Wind and Temperature Structure: The Venera 8 Data', *Journal of Geophysical Research*, LXXX (1975), pp. 173–9.

3 The retrograde and prograde terminology can be misused. To make things clear, the terms are defined according to whether the spin vector due to rotation is aligned with the orbital revolution vector or not. Since the Venus winds in the bulk of the atmosphere blow in the same direction as the solid planet, some believe that they should be called prograde not retrograde. Of course this leads to confusing descriptions of the wind direction in the thermosphere. Unfortunately some ambiguous terminology was used to describe the sub-solar to antisolar flow found in that part with overlaid superrotation.

4 V. E. Suomi and S. S. Limaye, 'Venus – Further Evidence of Vortex Circulation', *Science*, CCI (1978), pp. 1009–11.

5 S. S. Limaye et al., 'Vortex Circulation on Venus: Dynamical Similarities with Terrestrial Hurricanes', *Geophysical Research Letters*, XXXVI (2009), L04204.

6 M.J.S. Belton et al., 'Images from Galileo of the Venus Cloud Deck', *Science*, New Series, CCLIII/5027 (1991), pp. 1531–6.

7 D. A. Allen and J. W. Crawford, 'Cloud Structure on the Dark Side of Venus', *Nature*, CCCVII (1984), pp. 222–4.

8 D. Crisp et al., 'The Dark Side of Venus: Near-Infrared Images and Spectra from the Anglo-Australian Observatory', *Science*, CCLIII (1991), pp. 1263–6.

9 J. Lecacheux et al., 'Detection of the Surface of Venus at 1.0 μm from Ground-Based Observations', *Planetary and Space Science*, XLI (1993), pp. 543–9.

10 S. E. Smrekar et al., 'Recent Hotspot Volcanism on Venus from VIRTIS Emissivity Data', *Science*, CCCXXVIII/5978 (2010), p. 605; E. V. Shalygin, W. G. Markiewicz et al., 'Active Volcanism on Venus in the Ganiki Chasma Rift Zone', *Geophysical Research Letters*, XLII (2015), pp. 4762–9; N. T. Mueller et al., 'Search for Active Lava Flows with VIRTIS on Venus Express', *Journal of Geophysical Research (Planets)*, CXXII (2017), p. 1021.

11 V. Wilquet et al., 'Optical Extinction due to Aerosols in the Upper Haze of Venus: Four Years of SOIR/VEX Observations from 2006 to 2010', *Icarus*,

CCXVII (2012), pp. 875–81; S. Limaye et al., 'Focal Lengths of Venus Monitoring Camera from Limb Locations', *Planetary and Space Science*, CXIII (2015), pp. 169–83.
12 M. Shimizu, 'Ultraviolet Absorbers in the Venus Clouds', *Astrophysics and Space Science*, 51 (1977), p. 497.
13 L. G. Young et al., 'The Planet Venus: A New Periodic Spectrum Variable', *Astrophysical Journal*, CLXXXI (1973), L5.

第八章 金星的表面

1 Lianne Kolirin, 'Venus Is a Russian Planet – Say the Russians', CNN, 18 September 2020.
2 A Venera 14 recording of wind sounds at Venus's surface can be heard at '40-year-old Sound Recording from Venus Planet of Venera Mission', www.youtube.com, accessed 2 November 2020.
3 M. A. Kolosov et al., 'Characteristics of the Surface and Features of the Propagation of Radio Waves in the Atmosphere of Venus from Data of Bistatic Radiolocation Experiments Using Venera 9 and 10 Satellites', *Icarus*, XLVIII (1981), pp. 188–200.
4 G. G. Schaber et al., 'Geology and Distribution of Impact Craters on Venus: What Are They Telling Us?', *Journal of Geophysical Research*, XCVII (1992), pp. 13257–302.
5 W. B. McKinnon et al., 'Cratering on Venus: Models and Observations', in *Venus II: Geology, Geophysics, Atmosphere, and Solar Wind Environment*, ed. S. W. Bougher, D. M. Hunten and R. J. Phillips (Tucson, AZ, 1997), pp. 969–1014.
6 M. A. Ivanov and J. W. Head, 'Global Geological Map of Venus', *Planetary and Space Science*, LIX (2011), pp. 1559–600; M. A. Ivanov and J. W. Head, 'The History of Tectonism on Venus: A Stratigraphic Analysis', *Planetary and Space Science*, CXIII–CXIV (2015), pp. 10–32; M. A. Ivanov and J. W. Head, 'The History of Volcanism on Venus', *Planetary and Space Science*, LXXXIV (2013), pp. 66–92.
7 R. G. Strom, G. G. Schaber and D. D. Dawson, 'The Global Resurfacing of Venus', *Journal of Geophysical Research*, XCIX (E5) (1994), pp. 10899–926.
8 A. T. Basilevsky and J. W. Head, 'The Surface of Venus', *Reports on Progress in Physics*, LXVI (2003), pp. 1699–1734.
9 J. W. Head et al., 'Venus Volcanism: Classification of Volcanic Features and Structures, Associations, and Global Distribution from Magellan Data', *Journal of Geophysical Research*, XCVII (1992), pp. 13153–98.
10 E. V. Shalygin et al., 'Active Volcanism on Venus in the Ganis Chasma Rift Zone', *Geophysical Research Letters*, XLII (2015), pp. 4762–9.
11 E. Grosfils et al., 'Geologic Map of the Ganiki Planitia Quadrangle (V-14), Venus', Scientific Investigations Map 3121, U.S. Geological Survey

(Washington, DC, 2011); E. M. Venechuk et al., 'Analysis of Tectonic Lineaments in the Ganiki Planitia (V-14) Quadrangle, Venus', *Lunar and Planetary Science*, XXXVI (2005).
12 J. B. Garvin et al., 'DAVINCI+: Deep Atmosphere of Venus Investigation of Noble Gases, Chemistry, and Imaging Plus, Lunar and Planetary Science Conference' (2020), https://ui.adsabs.harvard.edu.
13 R. Ghail et al., 'The Science Goals of the EnVision Venus Orbiter Mission' (2020), https://ui.adsabs.harvard.edu.
14 S. Smrekar et al., 'VERITAS (Venus Emissivity, Radio Science, InSAR, Topography and Spectroscopy): A Proposed Discovery Mission' (2020), https://ui.adsabs.harvard.edu.
15 McKinnon et al., 'Cratering on Venus', p. 981.
16 M. J. Way et al., 'Was Venus the First Habitable World of Our Solar System?', *Geophysical Research Letters*, XLIII (2016), pp. 8376–83.
17 B. M. Jakosky et al., 'Mars' Atmospheric History Derived from Upper-Atmosphere Measurements', *Science*, CCCLV (2017), pp. 1408–10.
18 R. A. Craddock and A. D. Howard, 'The Case for Rainfall on a Warm, Wet Early Mars', *Journal of Geophysical Research: Planets* (2002), https://doi.org.

第九章　金星上的生命

1 For the Arrhenius quote, see Svante Arrhenius, *The Destinies of the Stars*, trans. Joens Elias Fries (New York, 1918), pp. 316–20. For the spectrum of Venus, see L. G.Young, 'Infrared Spectra of Venus', in *Exploration of the Planetary System*, Proceedings of the Symposium, Torun, Poland, 5–8 September 1973 (Dordrecht, 1974), pp. 77–160.
2 Fred Hoyle, *Frontiers of Astronomy* (New York, 1955), p. 71.
3 W. F. Libby and P. Corneil, 'Water on Venus?', in *Planetary Atmospheres*, ed. C. Sagan, T. C. Owen and H. J. Smith, Proceedings from 40th IAU Symposium, Marfa, Texas, 26–31 October 1969 (Dordrecht, 1971), pp. 51–61.
4 J. Seckbach and W. F. Libby, 'Vegetative Life on Venus? Or Investigations with Algae Which Grow under Pure CO2 in Hot Acid Media and at Elevated Pressures', in *Planetary Atmospheres*, ed. Sagan, Owen and Smith, pp. 62–83.
5 H. Morowitz and C. Sagan, 'Life on the Surface of Venus?', *Nature*, CCXVI (1967), pp. 1198–9.
6 W. B. McKinnon et al., 'Cratering on Venus: Models and Observations', in *Venus II: Geology, Geophysics, Atmosphere, and Solar Wind Environment*, ed. S. W. Bougher, D. M. Hunten and R. J. Phillips (Tucson, AZ, 1997), pp. 969–1014.
7 M. A. Ivanov and J. W. Head, 'Global Geological Map of Venus', *Planetary and Space Science*, LIX (2011), pp. 1559–600; M. A. Ivanov and J. W. Head, 'The History of Tectonism on Venus: A Stratigraphic Analysis', *Planetary and Space*

Science, CXIII–CXIV (2015), pp. 10–32; M. A. Ivanov and J. W. Head, 'The History of Volcanism on Venus', *Planetary and Space Science*, LXXIV (2013), pp. 66–92.
8 T. M. Donahue et al., 'Venus Was Wet: A Measurement of the Ratio of Deuterium to Hydrogen', *Science*, CCXVI (1982), pp. 630–33; T. M. Donahue and R. R. Hodges Jr, 'Past and Present Water Budget of Venus', *Journal of Geophysical Research*, XCVII (1992), pp. 6083–91.
9 A. Fedorova et al., 'HDO and H2O Vertical Distributions and Isotopic Ratio in the Venus Mesosphere by Solar Occultation at Infrared Spectrometer on Board Venus Express', *Journal of Geophysical Research (Planets)*, CXIII (2008), pp. E00B22.ff10.1029/2008JE003146.
10 M. Persson et al., 'H+/O+ Escape Rate Ratio in the Venus Magnetotail and Its Dependence on the Solar Cycle', *Geophysical Research Letters*, XLV (2018), pp. 10,805–11.
11 J. F. Kasting, 'Runaway and Moist Greenhouse Atmospheres and the Evolution of Earth and Venus', *Icarus*, LXXIV (1988), pp. 472–94.
12 M. J. Way et al., 'Was Venus the First Habitable World of Our Solar System?', *Geophysical Research Letters*, XLIII (2016), pp. 8376–83.
13 B. M. Jakosky et al., 'Mars' Atmospheric History Derived from Upper-Atmosphere Measurements of 38Ar/36Ar' *Science*, CCCLV (2017), pp. 1408–10; A. A. Fedorova et al., 'Stormy Water on Mars: The Distribution and Saturation of Atmospheric Water during the Dusty Season', *Science*, CCCLXVII (2020), pp. 297–300.
14 Barbara Cavalazzi and Frances Westall, eds, *Biosignatures for Astrobiology* (New York, 2019).
15 B. Hapke and R. Nelson, 'Evidence for an Elemental Sulfur Component of the Clouds from Venus Spectrophotometry', *Journal of Atmospheric Sciences*, XXXII (1975), pp. 1212–18.
16 Shimizu, 'Ultraviolet Absorbers', p. 499.
17 C. Boyer, 'La haute atmosphère de Venus: tentative d'explication de sa rotation', *L'Astronomie*, 100 (1986), p. 77.
18 David Harry Grinspoon, *Venus Revealed: A New Look below the Clouds of Our Mysterious Twin Planet* (Reading, MA, 1997), p. 315.
19 Charles Darwin to Joseph Dalton Hooker, 1 February 1871, Cambridge University: Darwin Correspondence Project, www.darwinproject.ac.uk/letter/DCP-LETT-7471.xml.
20 I. Daniel, P. Oger and R. Winter, 'Origins of Life and Biochemistry under High-Pressure Conditions', *Chemical Society Reviews*, XXXV (2006), pp. 858–75.
21 Michael Marshall, 'How the First Life on Earth Survived Its Biggest Threat – Water', *Nature*, www.nature.com, 9 December 2020.

22 A good primer is Michael Gross, *Life on the Edge: Amazing Creatures Thriving in Extreme Environments* (New York and London, 1998).

23 R. G. Prinn and B. Fegley, 'The Atmospheres of Venus, Earth, and Mars: A Critical Comparison', *Annual Review of Earth and Planetary Sciences*, XV (1987), 171.10.1146/annurev.ea.15.050187.001131.

24 Based on data from L. R. Bakken and R. A. Olsen, 'Buoyant Densities and Dry-Matter Contents of Microorganisms: Conversion of a Measured Biovolume into Biomass', *Applied Environmental Microbiology*, XLV (1983), pp. 1188–95.

25 D. Grinspoon and M. Bullock, 'Astrobiology and Venus Exploration', in *Exploring Venus as a Terrestrial Planet*, ed. Larry W. Esposito, Ellen R. Stofan and Thomas E. Cravens (Washington, DC, 2007), pp. 191–206.

26 S. Seager et al., 'The Venusian Lower Atmosphere Haze as a Depot for Desiccated Microbial Life: A Proposed Life Cycle for Persistence of the Venusian Aerial Biosphere', *Astrobiology*, 10.1089/ast.2020.2244

27 D. Crisp, 'Radiative Forcing of the Venus Mesosphere: I. Solar Fluxes and Heating Rates', *Icarus*, LXVII (1986), pp. 484–514.

28 S. S. Limaye et al., 'Venus' Spectral Signatures and the Potential for Life in the Clouds', *Astrobiology*, 18 (2018), pp. 1181–98.

29 S. Seager, M. Schrenk and W. Bains, 'An Astrophysical View of Earth-Based Metabolic Biosignature Gases', *Astrobiology*, XII (2012), pp. 61–82; C. Sousa-Silva et al, 'Phosphine as a Biosignature Gas in Exoplanet Atmospheres', *Astrobiology*, XX (2020), pp. 235–68.

30 T. Encrenaz et al., 'A Stringent Upper Limit of the PH<SUB>3<SUB> Abundance at the Cloud Top of Venus', *Astronomy and Astrophysics*, CDXLIII (2020), L5.10.1051/0004-6361/202039559; J. S. Greaves et al., 'Phosphine Gas in the Cloud Decks of Venus', *Nature Astronomy* (2020), 10.1038/s41550-020-1174-4; J. S. Greaves et al., 'Re-analysis of Phosphine in Venus' Clouds', arXiv:.org>astro-ph>arXiv:2011.08176.

31 Y. J. Lee et al., 'Long-Term Variations of Venus's 365 nm Albedo Observed by Venus Express, Akatsuki, MESSENGER, and the Hubble Space Telescope', *Astronomical Journal*, CLVIII/126 (September 2019).

第十章 观测金星

1 Quoted in William Sheehan, *The Immortal Fire Within: The Life and Work of Edward Emerson Barnard* (Cambridge, 1995), p. 16.

2 Patrick Moore, *The Planet Venus*, 3rd edn (New York, 1961), pp. 87–8.

3 Bradford A. Smith to Richard Baum, 15 February 1960; courtesy Richard Baum.

4 S. S. Limaye et al., 'Venus Looks Different from Day to Night across Wavelengths: Morphology from Akatsuki Multispectral Images', *Earth, Planets and Space*, LXX/24 (2018), https://doi.org/10.1186/s40623-018-0789-5.

5 F. Behar-Cohen et al., 'Ultraviolet Damage to the Eye Revisited', *Clinical Ophthalmology*, VIII (2014), pp. 87–104.

6 Ewen A. Whitaker, 'Visual Observations of Venus in the UV', *Journal of the British Astronomical Association*, XCI (1989), pp. 296–7.

7 Thomas A. Dobbins, Donald C. Parker and Charles F. Capen, *Introduction to Observing and Photographing the Solar System* (Richmond, VA, 1988), pp. 39–40.

8 D. A. Allen and J. W. Crawford, 'Cloud Structure on the Dark Side of Venus', *Nature*, CCCVII (1984), pp. 222–4.

9 For a recent review, see W. Sheehan, K. Brasch, D. Cruikshank and R. Baum, 'The Ashen Light: The Oldest Unsolved Solar System Mystery', *Journal of the British Astronomical Association*, CXXIV (2014), pp. 209–15. For an upcoming publication, see John Barentine, *Mystery of the Ashen Light of Venus: Investigating a 400-Year-Old Phenomenon* (Cham, 2021).

10 Richard Baum and David Graham, 'Mercury and Venus', in *The British Astronomical Association Observing Guide*, 2002, ed. Richard J. McKim (London, 2002), p. 14.